煤矿生产安全知识普及读本

煤矿井下生产安全知识

袁河津 主编

中国劳动社会保障出版社

图书在版编目(CIP)数据

煤矿井下生产安全知识/袁河津主编. —北京：中国劳动社会保障出版社，2010

煤矿生产安全知识普及读本
ISBN 978-7-5045-8335-2

Ⅰ. 煤… Ⅱ. 袁… Ⅲ. 煤矿-矿山安全-普及读物 Ⅳ. TD7-49

中国版本图书馆 CIP 数据核字(2010)第 069071 号

中国劳动社会保障出版社出版发行
（北京市惠新东街 1 号 邮政编码：100029）
出 版 人：张梦欣

*

北京金明盛印刷有限公司印刷装订 新华书店经销
850 毫米×1168 毫米 32 开本 8.75 印张 178 千字
2010 年 4 月第 1 版 2010 年 4 月第 1 次印刷
定价：18.00 元

读者服务部电话：010－64929211
发行部电话：010－64927085
出版社网址：http://www.class.com.cn

版权专有　　侵权必究
举报电话：010－64954652

内容简介

本书为"煤矿生产安全知识普及读本"之一,包括煤矿安全生产方针与法律法规、入井安全知识、煤矿采掘及顶板管理知识、矿井通风知识、煤矿瓦斯防治知识、矿尘防治知识、井下防灭火知识、煤矿水灾防治知识、井下爆破知识、机电提升和运输知识等内容。

本书内容全面、通俗易懂,并配有大量的真实案例进行深入浅出的讲解,可作为班组安全生产教育培训的教材,也可供煤矿安全生产管理人员参考使用。

本书由正高级工程师袁河津担任主编,开滦安全技术培训中心高级工程师李洪恩、开滦集团公司高级工程师高巨东和河北能源职业技术学院副教授安树峰担任副主编,河北能源职业技术学院郭劲夫、高静和河北省唐山市博仁科技有限公司李菲插图。

前言

近年来,由于践行科学发展观,坚持"安全第一、预防为主、综合治理"安全生产方针,全国煤矿生产事故明显下降,2008年全国原煤产量达到27.2亿吨,同比增长7.5%。煤矿事故总量在连续两年下降幅度超过20%的基础上,事故起数和死亡人数同比下降19.3%和15.1%;百万吨死亡率1.182,同比下降20.4%。但是,由于煤矿作业条件特殊,安全管理存在漏洞,特别是煤矿企业班组职工安全素质较低,造成目前煤矿事故总量和百万吨死亡率仍偏高,重特大事故还时有发生,我国煤矿安全生产形势依然严峻。

班组是企业的"细胞",是最基本的生产单位,是企业物质文明和精神文明的最终实施单位。煤矿企业安全管理要以班组作为出发点,又要以班组作为落脚点并贯穿在班组工作的全过程。为了适应班组安全生产教育培训的需要,提高煤矿企业班组职工的综合安全素质,促进煤矿安全生产形势进一步好转,中国劳动社会保障出版社特组织编写了"煤矿生产安全知识普及读本"。

本套丛书有以下主要特点:一是具有权威性。本套丛书的作者均为煤矿长期从事安全生产管理工作的专业人员,他们具有扎实的理论知识,又有着丰富的现场经验。二是针对性强。本套丛书在介绍安全生产基础知识的同时，以作业方向为模块进行分类，并采用问答形式编写，每分册只讲与本作业方向相关的知识，因而内容更加具体，更有针对性，班组在不同时期可以选择不同作业方向的分册进行学习，或者在同一时期选择不同分册进行组合形成一套适合本作业班组的学习教材。

本套丛书按作业内容编写，面向基层班组，面向一线职工，注重实用性和系统性，通俗易懂，并且图文并茂、案例翔实，可作为班组安全生产教育的教材，也可供煤矿安全生产管理人员参考使用。

在本套丛书编写过程中曾得到有关单位、部门和人员的大力支持和帮助，同时还参考了大量文献，在此一并表示谢意！

作者

2010.1

目录

第一章 煤矿安全生产方针与法律法规 …………… （1）

1. 我国煤矿安全生产现状如何？ ……………… （1）
2. 安全在煤矿生产中的地位和作用是什么？ ……… （2）
3. 新时期我国煤矿安全生产方针的内容是什么？ … （3）
4. 煤矿从业人员应享有的安全生产权利有哪些？ … （4）
5. 煤矿从业人员应履行的安全生产义务有哪些？ … （5）
6. 煤矿安全生产法律法规的作用是什么？ ………… （5）
7. 煤矿安全生产相关的法律法规有哪些？ ………… （6）
8. 煤矿十五种重大安全生产隐患和行为是什么？ … （8）
9. 煤矿从业人员三级安全教育培训的内容是什么？ … （9）
10. 贯彻实施《煤矿安全规程》的意义是什么？ …… （10）
11. 《煤矿安全规程》的内容有哪些？ ……………… （10）
12. 《煤矿安全规程》的特点是什么？ ……………… （11）
13. 制定、贯彻《作业规程》有什么具体规定？ …… （12）
14. 为什么必须熟悉并掌握《操作规程》？ ………… （13）

15. 贯彻执行煤矿灾害预防和处理计划有什么要求？ …（14）
16. 违反煤矿安全生产法律法规要追究哪些责任？ …（14）
17. 生产安全事故罚款处罚有什么规定？……………（15）
18. 煤矿安全中有哪些常见的刑事犯罪？……………（16）
19. 生产安全事故犯罪的刑事处罚办法是什么？ …（19）
20. 举报煤矿重大安全生产隐患和违法行为的奖励办法是什么？………………………………………………（20）
21. 区（队）、班（组）长安全生产责任制的内容是什么？…………………………………………………（20）
22. 区（队）、班（组）从业人员安全岗位责任制的内容是什么？……………………………………（21）
23. 什么是现场安全联防互保制度？…………………（22）
24. 煤矿企业职业健康检查的有关规定是什么？……（23）
25. 煤矿劳动防护用品使用的有关规定是什么？……（23）

第二章 入井安全知识……………………………（25）

26. 入井前应注意哪些安全事项？……………………（25）
27. 对入井人员装束有哪些规定？……………………（26）
28. 矿灯的作用是什么？………………………………（27）
29. 如何检查矿灯的完好？如何正确使用矿灯？……（27）
30. 井下作业人员必须佩戴和使用哪些劳动保护用品？……………………………………………（28）
31. 下井前要遵守哪些规章制度？……………………（30）
32. 乘坐立井罐笼应注意哪些安全事项？……………（30）

33. 巷道行走一般应注意哪些安全事项?……………（31）
34. 在通风巷道行走应注意哪些安全事项?…………（32）
35. 在运输巷道行走时应注意哪些安全事项?………（33）
36. 在绞车斜巷行走时应注意哪些安全事项?………（33）
37. 在输送机巷道行走时应注意哪些安全事项?……（34）
38. 在带式输送机巷道行走时应注意哪些安全事项?…（35）
39. 井下乘坐人车时应注意哪些安全事项?…………（35）
40. 乘坐"猴车"时应注意哪些安全事项?……………（36）
41. 乘坐带式输送机时应注意哪些安全事项?………（37）

第三章　煤矿采掘及顶板管理知识……………………（38）

42. 煤是怎样形成的?…………………………………（38）
43. 煤层是如何按厚度和倾角划分的?………………（39）
44. 什么是煤层顶底板?………………………………（40）
45. 地质构造有哪些种类?……………………………（41）
46. 什么是敲帮问顶操作方法?………………………（43）
47. 梯形金属支架架设安全质量要求是什么?………（44）
48. 拱形金属可缩性支架结构分哪几部分?…………（44）
49. 拱形金属可缩性支架架设安全质量要求是什么?…（45）
50. 喷射混凝土支护操作有哪些安全注意事项?……（46）
51. 砌碹有哪些安全质量要求?………………………（47）
52. 锚杆支护操作有哪些安全质量要求?……………（47）
53. 如何合理布置炮采工作面炮眼?…………………（48）
54. 单体液压支柱有哪些操作安全注意事项?………（49）

55. 使用π形长钢梁有哪些优缺点？……………………（50）
56. 架设π形钢梁的步骤是什么？……………………（51）
57. 自移式液压支架移架方法是什么？………………（52）
58. 自移式液压支架支护方式有哪些？………………（52）
59. 综采工作面有哪些安全规定？……………………（53）
60. 自移式液压支架操作有哪些规定？………………（54）
61. 液压支架操作前应做哪些准备工作？……………（55）
62. 自移式液压支架移架步骤及注意事项是什么？……（56）
63. 工作面冒顶时移架方法有哪些？…………………（57）
64. 哪些情形严禁采用放顶煤开采？…………………（57）
65. 综采放顶煤移架步骤是什么？……………………（58）
66. 推移工作面刮板输送机有哪些安全注意事项？……（59）
67. 顶板事故有哪些特点？……………………………（60）
68. 发生顶板事故的原因是什么？……………………（60）
69. 预防冒顶的主要措施有哪些？……………………（61）
70. 发生冒顶有哪些预兆？……………………………（62）
71. 预防掘进工作面迎头冒顶事故有哪些措施？……（64）
72. 预防巷道交叉处冒顶事故有哪些措施？…………（64）
73. 采煤安全操作有哪些注意事项？…………………（65）
74. 根据力学原因不同冒顶事故划分为几类？………（66）
75. 坚硬难冒顶板有哪些预防冒顶的措施？…………（67）
76. 破碎顶板有哪些预防冒顶的措施？………………（69）
77. 复合顶板有哪些预防冒顶的措施？………………（70）
78. 巷道维修和处理冒顶的一般原则是什么？………（71）

79. 处理冒顶有哪几种方案? ……………………………（72）
80. 冒顶处理有哪些特殊施工方法? ………………………（73）
81. 发生冒顶时有哪些自救互救方法? ……………………（74）

第四章　矿井通风知识……………………………………（76）

82. 矿井通风的作用和基本任务是什么? …………………（76）
83. 氧气（O_2）的性质是什么? 对人体健康有哪些作用? ………………………………………………………（77）
84. 氮气（N_2）和二氧化碳（CO_2）的性质是什么? 对人体健康有哪些影响? …………………………………（78）
85. 一氧化碳（CO）的性质是什么? 对人体健康有哪些影响? ………………………………………………………（79）
86. 硫化氢（H_2S）等有毒有害气体的性质是什么? 对人体健康有哪些影响? …………………………………（80）
87. 矿井气候条件包括哪些因素? …………………………（81）
88. 矿井通风方式有哪些? …………………………………（82）
89. 什么叫矿井等积孔? 它在矿井通风管理中有什么用途? …………………………………………………………（83）
90. 什么叫机械通风? 矿井为什么必须实行机械通风? …………………………………………………………（84）
91. 什么是主要通风机? 矿井主要通风机有哪两种通风方法? 各有哪些优缺点? ……………………………（85）
92. 什么叫辅助通风机?《煤矿安全规程》对安设使用辅助通风机有哪些规定? …………………………（86）

93. 为什么矿井必须安装 2 套同等能力的主要通风装置？……（87）
94. 矿井主要通风机停止运转时应采取什么措施？…（88）
95. 矿井反风有哪几种方式？……………………（88）
96. 采区通风系统主要有哪几种形式？……………（89）
97. 采区专用回风巷有什么作用？…………………（89）
98. 采掘工作面为什么应实行独立通风？…………（90）
99. 采煤工作面通风系统有哪几种形式？…………（91）
100. 采煤工作面专用排瓦斯巷有什么作用？采用专用排瓦斯巷有哪些安全规定？……………（92）
101. 掘进工作面通风系统有哪几种形式？…………（94）
102. 如何加强局部通风机通风的安全管理？………（96）
103. 局部通风机为什么必须实行风电闭锁？………（97）
104. 高突矿井掘进工作面的局部通风机安全供电有什么规定要求？………………………（98）
105. 为什么不得使用 1 台局部通风机同时向 2 个作业的掘进工作面供风？…………………（98）
106. 掘进巷道停风时有哪些安全规定？……………（98）
107. 为什么生产水平和采区必须实行分区通风？…（99）
108. 采掘工作面独立通风有哪些规定？……………（100）
109. 掘进巷道贯通时调整通风系统有哪些规定？…（101）
110. 矿井通风设施有哪几种？如何爱护矿井通风设施？………………………………………（101）
111. 构筑永久风门有哪些技术要求？………………（102）

112. 局部通风机安装位置有什么规定? ……………(103)
113. 矿井反风有哪些要求? ……………………(104)
114. 有哪些情形时认定为"通风系统不完善、不可靠"? 如何处理? ……………………(105)
115. 如何识读矿井通风系统图? ……………(106)

第五章 煤矿瓦斯防治知识……………………(108)

116. 什么是煤矿瓦斯? 它是怎样产生的? 有哪些性质? ……………………(108)
117. 如何计算矿井瓦斯涌出量? ……………(109)
118. 瓦斯有哪些危害? ……………………(110)
119. 瓦斯爆炸的条件是什么? ……………(111)
120. 瓦斯爆炸有哪些危害? ……………(112)
121. 为什么采掘工作面容易发生瓦斯爆炸? ……(113)
122. 采煤工作面上隅角瓦斯积聚有哪些处理方法? ……(114)
123. 巷道高冒处瓦斯积聚的处理方法有哪些? ……(114)
124. 采掘工作面瓦斯和二氧化碳的检查次数是怎样规定的? ……………………(115)
125. 采区、采掘工作面回风巷瓦斯浓度是怎样规定的? ……………………(116)
126. 采掘工作面及其他作业地点瓦斯浓度有哪些规定? ……………………(117)
127. 什么叫高瓦斯区和瓦斯喷出区域? ……(118)
128. 如何防止瓦斯积聚? ……………(118)

129. 如何加强瓦斯引爆火源的治理？ …………… (119)
130. 如何加强盲巷和采空区瓦斯治理？ …………… (121)
131. 排放瓦斯分级管理的有关规定是什么？ ……… (122)
132. 排放瓦斯有哪些规定？ ………………………… (123)
133. 瓦斯抽放的作用是什么？有哪几种形式？ …… (124)
134. 防止瓦斯爆炸灾害扩大有哪些措施？ ………… (124)
135. 瓦斯抽放系统有哪些作用？ …………………… (127)
136. 瓦斯抽放有哪几种方法？ ……………………… (127)
137. 井下临时抽放瓦斯泵站排放的瓦斯浓度有哪些规定？ ……………………………………………… (128)
138. 井下临时抽放瓦斯泵站应采取哪些安全措施？ …… (129)
139. 煤矿瓦斯治理的十六字方针是什么？ ………… (129)
140. 为什么低瓦斯矿井也必须装备矿井安全监控系统？ ……………………………………………… (130)
141. 如何在掘进工作面设置甲烷传感器？ ………… (131)
142. 煤与瓦斯突出有哪两种预兆？ ………………… (131)
143. 煤与瓦斯突出有哪些基本规律？ ……………… (133)
144. 煤与瓦斯突出的基本特征是什么？ …………… (134)
145. 预防煤与瓦斯突出有哪些措施？ ……………… (135)
146. 为什么开采突出煤层要采取"四位一体"综合防突措施？ ………………………………………… (136)
147. 石门揭穿突出煤层前必须遵守哪些规定？ …… (137)
148. 在石门揭煤和煤巷掘进时，远距离爆破有哪些规定？ ……………………………………………… (139)

149. 为什么要着力构建煤矿瓦斯综合治理工作
　　 体系？ …………………………………………（139）

第六章　矿尘防治知识………………………………（142）

150. 矿尘是怎样产生的？ …………………………（142）
151. 矿尘有哪些危害？ ……………………………（143）
152. 什么叫煤尘爆炸指数？ ………………………（144）
153. 煤尘爆炸条件是什么？ ………………………（145）
154. 煤尘爆炸有哪些危害？ ………………………（146）
155. 如何区分瓦斯爆炸和煤尘爆炸？ ……………（147）
156. 如何降低煤尘含量？ …………………………（148）
157. 什么叫煤层注水防尘？ ………………………（149）
158. 什么叫长孔注水方式？ ………………………（149）
159. 什么叫湿式打眼防尘？ ………………………（150）
160. 如何使用净化风流除尘？ ……………………（150）
161. 什么叫水封爆破防尘？ ………………………（150）
162. 为什么要定期清除积尘？ ……………………（151）
163. 如何对巷道进行清除积尘？ …………………（151）
164. 采煤工作面综合防尘总体要求是什么？ ……（152）
165. 掘进工作面综合防尘总体要求是什么？ ……（152）
166. 矿井防尘供水系统有什么规定要求？ ………（153）
167. 采掘工作面湿式钻眼供水压力和耗水量是如何
　　 规定的？ ………………………………………（153）
168. 掘进工作面爆破时应采取哪些防尘措施？ …（154）

169. 采掘工作面净化风流水幕应设在什么位置？ …… (154)
170. 巷道冲洗煤尘的周期是如何规定的？ ………… (154)
171. 为什么要在煤矿井下巷道设置隔爆棚？ ……… (155)
172. 隔爆棚应在哪些巷道中设置？ ………………… (157)
173. 隔爆岩粉棚和隔爆水棚各有几种类型？ ……… (158)
174. 如何在巷道中安装隔爆水槽（袋）？ ………… (159)
175. 隔爆水棚中的水如何进行检查处理？ ………… (160)
176. 采用定型水槽（袋）时，如何确定隔爆水棚区内水槽（袋）所需个数？ ……………………… (160)
177. 煤矿尘肺病分哪几种？ ………………………… (161)
178. 煤矿企业接尘工人查体时间间隔是怎样规定的？ ………………………………………… (162)
179. 防尘口罩有哪几种？ …………………………… (163)

第七章　井下防灭火知识 …………………………… (164)

180. 矿井火灾有哪些特点？ ………………………… (164)
181. 矿井火灾分为哪几类？ ………………………… (165)
182. 煤炭自燃有哪几个发展阶段？ ………………… (167)
183. 什么叫煤的自然发火期？ ……………………… (168)
184. 如何确定自然发火和矿井火灾事故？ ………… (169)
185. 如何确定自然发火隐患？ ……………………… (170)
186. 火风压有什么危害？火风压的大小如何计算？ (170)
187. 煤的自燃倾向性划分为哪几级？ ……………… (171)
188. 有哪些情形时认定为"自然发火严重，未采取

　　　　有效措施"? ……………………………………… (172)
　189. 井下哪些地点经常发生内因火灾? ……………… (173)
　190. 放顶煤开采容易自燃和自燃的厚及特厚煤层
　　　　为什么容易自然发火? ………………………… (174)
　191. 预防性防火灌浆有哪几种方法? ……………… (174)
　192. 为什么井下严禁使用灯泡取暖和使用电炉? … (175)
　193. 井下使用的油类应如何加强防火管理? ……… (176)
　194. 在井下进行焊接和切割时应采取哪些安全
　　　　措施? …………………………………………… (177)
　195. 人体如何感觉煤炭自燃? ……………………… (177)
　196. 当井下发现火灾时应注意哪些安全事项? …… (178)
　197. 为什么发现火灾必须立即直接灭火? ………… (179)
　198. 用水直接灭火有哪些安全注意事项? ………… (179)
　199. 什么是干粉、泡沫直接灭火法? ……………… (180)
　200. 如何采用沙子或岩粉直接灭火? ……………… (180)
　201. 火区熄灭的条件是什么? ……………………… (181)
　202. 火区的启封应注意哪些安全事项? …………… (181)
　203. 发生火灾时的自救互救方法是什么? ………… (182)

第八章　煤矿水灾防治知识 …………………………… (184)

　204. 矿井水灾有哪些危害? ………………………… (184)
　205. 矿井透水预兆是什么? ………………………… (186)
　206. 矿井有哪几种水源? …………………………… (187)
　207. 煤矿防治水的十六字原则是什么? …………… (189)

208. 煤矿防治水的五项综合治理措施是什么？ …… (189)
209. 煤矿透水的基本条件？ ………………………… (190)
210. 矿井透水事故有哪些特征？ …………………… (190)
211. 矿井发生透水事故主要原因是什么？ ………… (192)
212. 预防井下水害有哪些措施？ …………………… (192)
213. 预防地面水淹井事故有哪些措施？ …………… (193)
214. 在水淹区积水面以下从事采掘有哪些安全规定？ ……………………………………………… (194)
215. 老空积水有什么危害？ ………………………… (195)
216. 老空积水淹井的基本特征是什么？ …………… (196)
217. 井下探放水有什么重要性？ …………………… (197)
218. 探放水的含义是什么？ ………………………… (198)
219. 为什么必须坚持"有疑必探，先探后掘"？ …… (198)
220. 采掘工作面探放水的条件是什么？ …………… (200)
221. 如何确定探放水起点？ ………………………… (200)
222. 探放水钻孔有哪些主要参数？ ………………… (201)
223. 探水钻孔有哪些安全装置？ …………………… (202)
224. 探放水作业有哪些安全注意事项？ …………… (203)
225. 如何区别含水层水和断层水？ ………………… (204)
226. 为什么水体下采煤必须留足防隔水煤（岩）柱？ ……………………………………………… (205)
227. 如何加大重大水患排查力度？ ………………… (206)
228. 如何加强老空水防治？ ………………………… (207)
229. 如何预防暴雨洪水引发煤矿透水？ …………… (208)

230. 被水围困地点存有空气的条件是什么？ ………… (209)
231. 断绝食物时人体的能量供给来源是什么？ …… (210)
232. 煤矿透水应急救援的要求是什么？ ………… (212)
233. 为什么煤矿透水时现场作业人员应进行应急自救互救？ ………………………………………… (212)

第九章　井下爆破知识 ………………………… (214)

234. 井下爆破安全的重要性是什么？ …………… (214)
235. 煤矿爆破作业引起瓦斯煤尘爆炸的主要原因是什么？ ………………………………………… (215)
236. 如何合理选用煤矿许用炸药？ ……………… (216)
237. 电雷管有哪几种？ …………………………… (217)
238. 人力运送爆炸材料有哪些安全规定？ ……… (218)
239. 井下爆破工的安全职责是什么？ …………… (219)
240. 装配起爆药卷有哪些安全注意事项？ ……… (220)
241. 掘进工作面为什么全断面一次起爆？ ……… (221)
242. 炮眼的装药结构有哪两种？ ………………… (221)
243. 井下装药有哪些安全规定？ ………………… (222)
244. 如何合理进行炮眼封泥？ …………………… (223)
245. 什么是"一炮三检制"和"三人连锁放炮制"？ ……………………………………… (224)
246. "十不准"放炮内容是什么？ ……………… (225)
247. 如何正确处理拒爆？ ………………………… (226)
248. 毫秒爆破有哪些优点？ ……………………… (228)

249. 爆炸材料领退制度的内容是什么？……………………（228）
250. 爆破炮烟对人体危害的有害气体是什么？…………（229）
251. 如何预防井下爆破炮烟中毒？………………………（230）
252. 采掘工作面炮眼装药量过大有什么危害？…………（231）
253. 采掘工作面爆破造成冒顶的原因是什么？…………（232）
254. 如何预防爆破崩人？…………………………………（232）
255. 采煤工作面一组装药分次爆破有什么危害？………（233）
256. 煤矿许用毫秒延期电雷管为什么能用在井下瓦斯工作面？……………………………………………（234）
257. 为什么井下严禁放"糊炮"和"明炮"？……………（235）

第十章 机电提升和运输知识……………………………（236）

258. 为什么必须加强煤矿电气安全管理？………………（236）
259. 为什么井下电气设备必须具有防爆性？……………（237）
260. 防爆电气设备失爆有什么危害？其原因是什么？……………………………………………………（237）
261. 如何悬挂矿用电缆？…………………………………（238）
262. 矿井供电电压有哪几种等级？………………………（239）
263. 为什么矿井供电应有两回路电源线路？……………（239）
264. 煤矿井下供电有哪些安全规定？……………………（240）
265. 什么叫杂散电流？有什么危害？……………………（240）
266. 人体触电的原因是什么？有哪些预防措施？………（241）
267. 煤矿井下电气设备三大保护有什么作用？…………（242）
268. 井下安全用电"十不准"及其他要求是什么？……（244）

269. 如何防止井下发生机械设备摩擦、撞击火花？……(245)
270. 斜巷绞车运输有哪些安全事项？…………(246)
271. 造成井下牵引钢丝绳断裂的主要原因是什么？……(247)
272. 斜巷跑车的主要原因是什么？…………(248)
273. 斜巷防跑车装置和跑车防护装置有哪几种？…(249)
274. 斜巷串车提升保险绳有哪些种类？…………(250)
275. 井下小绞车安装有哪些规定？………………(251)
276. 小绞车操作有哪些安全注意事项？…………(251)
277. 平巷运输事故的主要原因是什么？…………(252)
278. 斜巷调度绞车开车前检查试验哪些内容？……(253)
279. 刮板输送机运行时应注意哪些安全事项？……(254)
280. 井下电气设备检修及停送电作业有哪些安全注意事项？………………………………(254)

参考文献……………………………………(258)

第一章
煤矿安全生产方针与法律法规

1. 我国煤矿安全生产现状如何?

煤矿作为高危行业之一,安全生产始终是生产领域中的头等大事,党中央、国务院对煤矿的安全生产工作历来十分重视。近年来煤矿安全形势总体趋于好转。

但是,由于煤矿井下生产条件比较特殊,除了生产过程复杂、环节繁多、条件恶劣和作业场所移动以外,还受到水、火、煤与瓦斯突出、煤尘、顶板和冲击地压等自然灾害的严重威胁;加上技术装备水平比较落后,职工队伍素质不高,安全管理薄弱,一些单位和私营矿主在趋利思想支配下,忽视安全和职工健康,短期行为表现突出。所以,造成煤矿重、特大事故时有发生,事故总量很大,安全隐患仍然比较突出,煤矿安全生产形势依然十分严峻。

2007 年全国煤矿死亡人数 3 786 人,百万吨死亡率 1.485,

分别比 2006 年下降 20.2% 和 27.2%。2008 年全国事故总量比 2007 年实际下降 1.4%，较大事故、重特大事故起数下降 3%，其中煤矿死亡人数下降 2%。

◎ **真实案例**

2009 年 11 月 21 日 2:30，黑龙江省龙煤集团鹤岗分公司新兴煤矿，三水平二石门后组 15 层探煤道发生煤与瓦斯突出，引起风流逆向，瓦斯随逆向风流进入二段钢带机机头硐室发生爆炸。事故发生时，全矿井下作业人员 528 人，有 420 人安全升井，截止到 27 日 16:40 找到遇难人员 108 人。

2. 安全在煤矿生产中的地位和作用是什么？

俗话说，煤矿安全为天，安全是煤矿生产中的头等大事。我们可以从以下五个方面去思考和评价。

1. 自然灾害的复杂性

煤矿生产除了一般工业生产面临的自然灾害以外，同时存在着水、火、瓦斯、煤尘和顶板等事故的严重威胁。

2. 伤亡事故的危害性

在我国铁路、冶金、建筑、纺织、化工、石油、建材、有色金属、地质、轻工、电力和煤炭等 12 类产业中，煤炭行业事故最频，伤亡数最高，每年事故死亡人数超过其他 11 类产业的总和。我国煤产量占世界的 1/5，而死亡人数却占 4/5。

3. 职业病危害的严重性

据 2001 年资料统计，全国煤工尘肺病患者 22.7 万人，占全国各行各业尘肺病人总数的 39.9%。20 世纪 90 年代每年大约有

3 000人死于尘肺病，至2001年底累计死亡135 951人。因尘肺病造成的直接经济损失高达数十亿元。此外，风湿病、腰肌劳损等职业性疾病在煤矿也十分普遍。

4. 事故经济损失巨大

每发生一起事故，都要付出数目巨大的抢救费、医疗费、抚恤费和子女养育费等，如2005年2月14日辽宁省阜新孙家湾煤矿发生一起特别重大瓦斯爆炸事故，造成214人死亡，30人受伤，直接经济损失达4 968.9万元。又如1984年6月2日河北省开滦范各庄矿发生一起奥灰水淹井灾害，造成范各庄矿和吕家坨矿停产，唐家庄矿、林西矿和赵各庄矿部分停产，当时造成全国煤炭供给紧张。范各庄矿停产1年多，恢复生产费用达5亿元。

5. 煤矿秩序的稳定性

煤矿不安全问题是煤炭生产发展的严重障碍之一。同时解决安全问题具有深远的政治意义，对维护改革、发展、稳定的大局，体现社会主义制度的优越性，密切党和群众的关系，提高人民群众主人翁地位，构建和谐社会都至关重要。

◎**真实案例**

2004年11月28日7:06，陕西省铜川矿务局陈家山煤矿发生特大瓦斯爆炸事故，造成166人死亡，45人受伤，直接经济损失4 165.9万元。

3. 新时期我国煤矿安全生产方针的内容是什么？

煤矿安全生产方针是党和国家对煤矿安全工作提出的总要求和指导原则，它为煤矿安全生产工作指明了方向。所以，所有煤矿企业都必须认真贯彻落实煤矿安全生产方针。

1996年12月1日起实施的《中华人民共和国煤炭法》中明确规定：煤矿企业必须坚持安全第一、预防为主的安全生产方针。

党和政府对安全生产工作非常重视。2005年提出安全生产要贯彻"安全第一，预防为主，综合治理"的方针。这一方针反映了党对安全生产规律的新认识，对于指导社会主义市场经济和改革开放新时期的安全生产工作意义深远而重大。

新时期安全生产方针比以往的提法增加了"综合治理"四个字，是对安全生产方针的充实、丰富和发展，它既继承了以往的精华，又进行了发展；既适应了当前安全生产新形势的迫切要求，又为未来安全生产工作拓展了空间，对于指导新时期的安全生产工作意义深远而重大。

4. 煤矿从业人员应享有的安全生产权利有哪些？

1. 煤矿企业与从业人员订立的劳动合同，应当载明有关保障从业人员劳动安全、防止职业危害，以及依法为从业人员办理工伤社会保险等事项。

2. 煤矿企业从业人员有权了解其作业场所和工作岗位存在的危险因素、防范措施及事故应急措施，有权对本单位的安全生产工作提出建议。

3. 从业人员有权对本单位安全生产工作中存在的问题提出批评、检举和控告，有权拒绝违章指挥和强令冒险作业。

4. 从业人员发现直接危及人身安全的紧急情况时，有权停止作业或采取可能的应急措施后撤离作业场所。

5. 因生产安全事故受到损害的从业人员，除依法享有工伤社会保险外，依照有关民事法律尚有获得赔偿权利的，有权向本单位提出赔偿要求。

5. 煤矿从业人员应履行的安全生产义务有哪些？

1. 从业人员应当接受安全生产教育和培训，掌握所需的安全生产知识，提高安全生产操作技能，增强事故预防和应急处理能力。

2. 从业人员在生产劳动过程中，应当严格遵守本单位的安全生产规章制度、操作规程及安全技术措施；要服从班组长的管理，听从班组长的安排，维护班组长的威信。

3. 从业人员上岗时要正确佩戴和使用劳动防护用品。劳动防护用品是保护从业人员在劳动过程中安全与健康的一种防御性装备。不同的劳动防护用品有其特定的佩戴和使用规则、方法，只有正确佩戴和使用，才能真正起到防护作用。煤矿企业为从业人员提供符合国家标准或行业标准的劳动防护用品后，从业人员有义务正确佩戴和使用。

4. 从业人员发现事故隐患或其他不安全因素，应当立即向现场安全生产管理人员或本单位负责人报告，同时，在保证自身安全前提下，消除灾害，处理事故，并对受伤人员进行现场急救。

6. 煤矿安全生产法律法规的作用是什么？

随着改革开放的不断深入，我国逐步进入法治社会，煤矿安全生产法律法规体系基本形成。煤矿企业从业人员一定要学习煤矿安全生产法律法规知识，从而做到知法、懂法和依法办事。煤矿安全生产法律法规的作用有以下五个方面。

1. 具体体现了国家对煤矿安全生产工作的各项要求。

2. 是煤矿在安全生产管理方面一切行为的准则，使煤矿生产建设有法可依、有章可循，以保障煤矿的安全生产和正常的工作秩序。

3. 用来加强煤矿职工的法制观念，限制违章、惩罚犯罪、教育人们吸取教训，鼓励职工自觉遵纪守法，以达到最大限度地防治煤矿各种灾害的目的。

4. 有利于保护煤矿职工安全监督的民主权利，更好地发动群众，用群众管理的方法搞好安全生产。

5. 有利于煤矿职工运用法律武器，捍卫自己的合法权益。

7. 煤矿安全生产相关的法律法规有哪些？

1.《中华人民共和国安全生产法》

它是我国第一部全面规范安全生产的综合性法律。自2002年11月1日起施行。

2.《中华人民共和国劳动法》

其立法目的是为了保护劳动者的合法权益，调整劳动关系，建立和维护适应社会主义市场经济的劳动制度，促进经济发展和社会进步。自1995年1月1日起施行。

3.《中华人民共和国矿山安全法》

它是我国第一部专门的矿山安全法律。自1993年5月1日起施行。

4.《中华人民共和国煤炭法》

它是我国第一部全面规范煤炭生产经营活动的综合性法律。自1996年12月1日起施行。

5.《煤矿安全监察条例》

它的颁布实施是煤矿安全监察法制建设历程中具有开创性的里程碑。自2000年12月1日起施行。

6.《中华人民共和国职业病防治法》

其立法目的是为了预防、控制和消除职业病危害，防治职业病，保护劳动者健康及其相关权益，促进经济发展。自2002年5月1日起施行。

7.《工伤保险条例》

其立法目的是为了保障因工作遭受事故伤害或者患职业病的职工获得医疗救治和经济补偿，促进工伤预防和职业康复，分散用人单位的工伤风险。自2004年1月1日起施行。

8.《关于预防煤矿生产安全事故的特别规定》

它的贯彻执行能够把煤矿安全生产的关口前移，及时发现并排除煤矿安全生产隐患，落实煤矿安全生产责任，预防煤矿生产安全事故发生，保障职工的生命安全和煤矿安全生产。自2005年9月3日起施行。

9.《中华人民共和国刑法修正案（六）》

新修正的《刑法》加重了对生产安全事故犯罪的刑事处罚力度。自2006年6月29日起施行。

10.《煤矿生产安全事故报告和调查处理条例》

其立法目的是为了规范煤矿生产安全事故的报告和调查处理，落实生产安全事故责任追究制度，防止和减少煤矿生产安全事故。自2008年12月11日起施行。

11.《〈生产安全事故报告和调查处理条例〉罚款处罚暂行规定》

它是对《生产安全事故报告和调查处理条例》中罚款处罚的有关规定。自2007年7月12日起施行。

8. 煤矿十五种重大安全生产隐患和行为是什么？

2005年9月3日颁布的《国务院关于预防煤矿生产安全事故的特别规定》中列举了危及煤矿安全生产的十五种隐患和行为。它们是：

1. 超能力、超强度或超定员组织生产的。
2. 未按规定检测瓦斯及瓦斯超限作业的。
3. 煤与瓦斯突出矿井未按照规定实施防突措施的。
4. 高瓦斯矿井未建立瓦斯抽放系统和监控系统，或者监控系统不能正常运行的。
5. 通风系统不完善、不可靠的。
6. 有严重水患未采取措施的。
7. 超层越界开采的。
8. 有冲击地压危险未采取有效措施的。
9. 自然发火严重未采取有效措施的。
10. 使用明令禁止使用或者淘汰的设备、工艺的。
11. 年产6万吨以上的煤矿没有双回路供电系统的。

12. 新建煤矿边建设边生产，煤矿改扩建期间在改扩建的区域生产；或者在其他区域的生产超出安全设计规定范围和规模的。

13. 煤矿实行整体承包生产经营后，未重新取得安全生产许可证和煤炭生产许可证从事生产的；或者承包方再次转包的，以及煤矿将井下采掘工作面和井巷维修作业进行劳务承包的。

14. 煤矿改制期间未明确安全生产责任人和安全管理机构的；或者在完成改制后未重新取得或者变更采矿许可证、安全生产许可证、煤炭生产许可证和营业执照的。

15. 有其他重大安全生产隐患的。

存在以上隐患和行为的，应当立即停止生产，排除隐患。

9. 煤矿从业人员三级安全教育培训的内容是什么？

煤矿新工人入矿后必须进行以下三级安全教育培训：

1. 入矿教育

对新入矿的工人必须进行入矿安全教育。

入矿教育主要内容有：煤矿安全生产方针和基本法律法规，煤矿安全的特殊性，本矿安全生产的基本状况，矿内特殊危险地点介绍，一般入矿安全须知和预防事故的基本知识。

2. 车间、区队教育

新工人接受入矿教育后，分配到车间、区队时所接受的安全教育。

车间、区队教育主要内容有：本车间、区队安全生产情况，劳动纪律和生产规则，必须遵守的安全规章制度、安全注意事项、车间、区队的危险区域，尘毒危害情况等。

3. 岗位教育

岗位教育是新工人到达岗位开始作业前，在班组所接受的安全教育。

岗位教育主要内容有：班组安全生产概况，工作性质和职责范围，机械设备的安全操作方法，各种防护设施的性能和作用，作业地点可能出现的不安全隐患、事故的预防和控制方法，发生事故时的安全撤退路线和紧急救灾措施，个体防护用品的使用方法等。

10. 贯彻实施《煤矿安全规程》的意义是什么？

1.《煤矿安全规程》是煤炭工业主管部门制定的在安全管理特别是在安全技术上总的规定，是煤炭工业贯彻落实《安全生产法》《矿山安全法》《煤炭法》和《煤矿安全监察条例》等安全法律法规的具体体现。

2.《煤矿安全规程》是保障煤矿职工安全与健康，保护国家资源和财产不受损失，促进煤炭工业健康发展必须遵循的准则。

3.《煤矿安全规程》是煤矿职工从事生产和指挥生产最重要的行为规范。

所以，全国所有煤矿企事业单位及其主管部门都必须严格执行《煤矿安全规程》。

11.《煤矿安全规程》的内容有哪些？

《煤矿安全规程》有四编及附则，共20章751条，具体包括以下内容。

第一编为总则，共有14条。

在第一编中规定了煤矿必须遵守的有关安全生产的法律法规、规章、规程、标准和技术规范；建立各类人员安全生产责任制；明确职工有权制止违章作业、拒绝违章指挥。

第二编为井工部分，共10章519条。

在第二编中规定了井下采煤有关开采、"一通三防"、防治水、机电运输、爆破作业以及煤矿救护等所涉及的安全生产行为标准。

第三编为露天部分，共8章204条。

在第三编中规定了露天开采所涉及的安全生产行为标准。

第四编为职业危害，共2章13条。

在第四编中规定了职业危害的管理、监测及健康监护的标准。

附则有1条。

12.《煤矿安全规程》的特点是什么？

《煤矿安全规程》有以下四个特点：

1. 强制性

《煤矿安全规程》是煤矿安全法律法规体系的组成部分，所有煤矿企事业单位和职工的生产行为都不能与之相背离，否则，视情节或后果严重程度给予行政处分、经济处罚直至由司法机关追究其刑事责任。

2. 规范性

《煤矿安全规程》规定了煤矿生产建设中哪些行为被允许，哪些行为被禁止，哪些行为是必须的，哪些行为是采取什么措施后才允许的，具有很强的规范性。同时，它也是认定煤矿事故性质和应承担法律责任的重要依据。

3. 科学性

《煤矿安全规程》是长期煤炭生产经验和科学研究成果的总结，是广大煤矿职工智慧的结晶，也是煤矿职工用生命和汗水换来的教训，它的每一条规定都是在某种特定条件下可以普遍适用的行为规则。

4. 稳定性

《煤矿安全规程》在一段时期内相对稳定，不得随意修改。经执行一定时间后再由国家相关部门负责组织修订。

13. 制定、贯彻《作业规程》有什么具体规定？

1. 每一个采掘工作面开工以前，必须按照一定程序、时间和要求，坚持"一个工作面一个规程"的原则编写《作业规程》，不得沿用、套用其他采掘工作面的《作业规程》，严禁无《作业规程》组织采掘生产工作。

2. 采掘工作面《作业规程》的贯彻学习，必须在工作面采煤和掘进施工以前完成。由施工单位负责人组织施工人员学习，由编制本规程的工程技术人员负责贯彻。参加学习的施工人员必须经考试合格后方可上岗作业。考试的成绩应登记在本规程的贯彻学习记录簿上，并由本人签名，存入本单位的安全培训档案。考试成绩不合格的，要进行补充贯彻和补考。

3. 从开工之日起，至少每月应重新学习一次《作业规程》。遇到工作面的地质、施工条件发生变化，必须及时补充修改安全技术措施。补充的安全技术措施也必须履行审批和贯彻程序。

4. 对于违反《作业规程》所造成的各类事故，要坚持"四不放过"的原则，即事故原因没查清不放过，事故责任者没受到处理不放过，事故责任者和群众没受到教育不放过，整改措施没落实不放过。严格进行追查处理，还要对《作业规程》进行补课学习。

14. 为什么必须熟悉并掌握《操作规程》？

1. 《操作规程》的性质

《操作规程》是煤矿企事业单位或其主管部门根据《煤矿安全规程》和有关质量标准等文件的规定，结合岗位工人的工作环境条件和使用的工具设备等具体情况，以保证人员、设备的安全为目的而编制的，指导工人在本岗位进行生产工艺操作的行为标准，具有法规性质。

2. 《操作规程》的基本内容

《操作规程》的基本内容一般包括：一般规定、准备、检查和处理、操作和注意事项，以及工作收尾等部分。每一部分都对岗位工人生产作业中的具体操作程序、方法、安全注意事项等做了具体、明确的规定。

3. 必须熟悉并掌握《操作规程》

现场作业人员只有严格按本工种、本岗位的《操作规程》去操作、作业，才能保证人员、设备和设施的安全，保证生产的正常进行。违反《操作规程》就可能导致事故发生，造成设备、设施损坏，人员伤亡、生产中断，甚至发生矿井重大灾害事故，所以，煤矿从业人员必须熟悉并掌握《操作规程》，严格执行本工种、本岗位的《操作规程》。

15. 贯彻执行煤矿灾害预防和处理计划有什么要求？

1. 煤矿灾害预防和处理计划的编制内容

（1）根据本矿具体条件进行事故预计。

（2）预防事故发生的主要措施。

（3）事故发生后，参加处理事故的人员组成及分工、通知方法和顺序等。

（4）事故发生后，安全撤出灾区人员的措施和避难措施。

（5）对事故进行抢救处理的措施。

2. 煤矿灾害预防和处理计划的贯彻执行

（1）编制的"计划"由矿长组织实施，要组织全体从业人员和矿山救护队学习，使每一名员工都熟知"计划"内容，熟悉井下避灾路线，掌握在井下进行自救的措施及正确使用自救器的方法。

（2）每年必须至少组织 1 次矿井救灾演习，在预想事故的地点，按"计划"要求，有目的、有计划、有组织地进行演习。

（3）每季度应根据具体情况进行修改、制定补充措施，同时要重新贯彻、组织学习。

16. 违反煤矿安全生产法律法规要追究哪些责任？

违反煤矿安全生产法律法规主要追究以下三种责任：

1. 行政责任

行政责任是由国家行政机关对违反煤矿安全生产法律法规的单位和个人追究的责任。

(1) 行政处罚：包括警告、罚款、没收违法所得、责令改正、责令限期改正、责令停止违法行为、责令停产停业整顿、责令停产停业、责令停止建设、拘留、关闭、吊销有关证照及安全生产法律法规、行政法规规定的其他形式等多种形式。

(2) 行政处分：包括警告、记过、记大过、降级、降职、撤职、留用察看和开除等八种形式。

2. 刑事责任

刑事责任是对触犯国家《刑法》的责任者所追究的责任。

我国《刑法》规定，刑罚的种类有管制、拘役、有期徒刑、无期徒刑和死刑等五种主刑，还有罚金、剥夺政治权利和没收财产等三种附加刑。

3. 民事责任

民事责任是违反民事义务、侵害他人合法权益而依法应该承担的责任。民事责任有多种形式，在安全生产中主要是"赔偿损失"的形式。

17. 生产安全事故罚款处罚有什么规定？

事故发生单位的主要负责人、直接负责的主管人员和其他直接责任人员依照下列规定给予罚款处罚：

1. 谎报、瞒服事故的，处上一年年收入的60%~80%的罚款。

2. 下列情形之一的，处上一年年收入的 80%～90% 的罚款：

（1）伪造、故意破坏事故现场的。

（2）转移、隐匿资金、财产，销毁有关证据、资料的。

（3）拒绝接受调查的。

（4）拒绝提供有关情况和资料的。

（5）在事故调查中做伪证的。

（6）指使他人做伪证的。

3. 事故发生后逃匿的，处上一年年收入的 100% 的罚款。

18. 煤矿安全中有哪些常见的刑事犯罪？

1. 重大责任事故罪

重大责任事故罪是指工厂、矿山、林场、建筑企业或者其他企业、事业单位的职工，由于不服管理，违反规章制度，或者强令工人违章冒险作业，因而发生重大伤亡事故或者造成其他严重后果，危害公共安全的行为。

◎ **真实案例**

2004 年 10 月 20 日，河南省郑州煤炭工业集团大平煤矿井下掘进工作面放炮，引发延期性特大煤与瓦斯突出，进而引起瓦斯爆炸事故，造成 148 人死亡、35 人受伤，直接经济损失 3 935.7 万元。事故刑事责任处理如下：

（1）矿通风科调度员贾××，事故当日在接到井下瓦斯超限的报警后，没有及时向矿领导和有关部门报告，也未采取停电撤人措施，延误了救援时间；事故发生后，还撕毁并伪造事故当日值班记录。

（2）矿调度员景××，事故当日对安全监控系统长时间报警不按规定及时采取停电撤人措施。

（3）矿通风科科长彭××，不坚守岗位，擅自离岗，使安全监控系统长时间报警却得不到及时处理。

（4）矿长助理付××，事故当日值班期间玩牌娱乐，没有及时掌握生产动态和发现问题，接到安全监控系统长时间报警的报告后，不能及时指挥值班调度员组织有关部门派人迅速处理，也未按规定采取停电撤人措施。

以上4人对事故发生均负有直接责任，均已构成重大责任事故罪，分别判处七年、六年、四年和三年有期徒刑。

2. 重大劳动安全事故罪

重大劳动安全事故罪是指工厂、矿山、林场、建筑企业或者其他企业、事业单位的劳动安全设施不符合国家规定，因而发生重大伤亡事故或者造成其他严重后果、危害公共安全的行为。

◎真实案例

2005年7月11日，新疆自治区阜康市神龙煤矿发生特大瓦斯爆炸事故，造成83人死亡，4人受伤，直接经济损失3 517万元。

该矿在无专用通风井、无安全生产许可证、无改扩建资格证书的情况下便投入生产。身为神龙公司董事长的姜××为了追求高额利润，拒不执行政府有关部门的监管、监察指令。仅2004—2005年政府有关部门就给该矿下达了15份整改通知，但从未引起姜××等人重视，依然违规生产。刘××在无矿长资格证的情况下担任神龙煤矿矿长，在管理该矿期间，随意变更安全管理机构，矿井安全管理混乱。

在这次事故中以重大劳动安全事故罪判处：原董事长姜××有期徒刑六年，原矿长刘××有期徒刑五年，原副矿长兼调度室主任任××有期徒刑三年。

3. 玩忽职守罪

玩忽职守罪是指国家机关工作人员严重不负责任，不履行或者不认真履行职责，致使公共财产、国家和人民利益遭受重大损失的行为。

◎**真实案例**

2005年8月7日，广东省大兴煤矿发生特大透水事故，据调查，地方安全监管、煤炭、国土资源部门的主管人员对该矿长期非法超强度开采没有认真履行监管职责，明知大兴煤矿证照不全，仍同意报批复产意见；公安局主管民用爆炸物品的人员不认真履行监管职责，致使该矿得以长期获得爆炸物用于非法开采；主管安全生产的乡镇干部对不具备开采条件的该矿不认真履行监管职责，未发现该矿在停产期间的偷采行为。

在这次事故中以玩忽职守罪分别判处：广东省兴宁市安监局原副局长赖××、兴宁市煤炭局原副局长曾××和涂××、兴宁市国土资源局原副局长李××有期徒刑三年零六个月、四年零六个月和两年、六年（包括受贿罪），对其他负有一定责任的12名原国家机关工作人员以玩忽职守罪分别判处相应刑罚。

4. 非法采矿罪

非法采矿罪是指违反矿产资源法的规定，经责令停止开采后拒不执行，造成矿产资源破坏的行为。

◎真实案例

2007年5月5日13:50，山西省临汾市蒲县克城镇蒲邓煤矿发生重大瓦斯爆炸事故，造成28人死亡，23人受伤（其中1人重伤），直接经济损失1 183.44万元。

该矿长期违法违规组织生产，超员、越界开采。事故发生后，蒲邓煤矿有限公司董事长、法定代表人、蒲邓煤矿矿长、公司副总经理、副矿长、矿总工程师和北采区生产副矿长均被追究非法采矿罪。

19. 生产安全事故犯罪的刑事处罚办法是什么？

1. 在生产、作业中违反有关安全管理的规定，因而发生重大伤亡事故或者造成其他严重后果的，处三年以下有期徒刑或者拘役；情节特别恶劣的，处三年以上七年以下有期徒刑。

2. 强令他人违章冒险作业，因而发生重大伤亡事故或者造成其他严重后果的，处五年以下有期徒刑或者拘役；情节特别恶劣的，处五年以上有期徒刑。

3. 安全生产设施或者安全生产条件不符合国家规定，因而发生重大伤亡事故或者其他严重后果的，对直接负责的主管人员和其他直接责任人员，处三年以下有期徒刑或者拘役；情节特别恶劣的，处三年以上七年以下有期徒刑。

4. 在安全事故发生后，负有报告职责的人员不报或者谎报事故情况，贻误事故抢救，情节严重的，处三年以下有期徒刑或者拘役；情节特别严重的，处三年以上七年以下有期徒刑。

20. 举报煤矿重大安全生产隐患和违法行为的奖励办法是什么？

举报煤矿重大安全生产隐患和违法行为，经调查属实的，受理举报的部门或者机构应当给予实名举报的最先举报人1 000元至1万元的奖励。

举报内容如下：

1. 举报非法煤矿的，即煤矿未依法取得采矿许可证、安全生产许可证、煤炭生产许可证、营业执照或矿长未依法取得矿长资格证、矿长安全资格证，擅自进行生产的，或者未经批准擅自建设的。

2. 举报煤矿非法生产的。即煤矿已被责令关闭、停产整顿、停止作业，而擅自进行生产的。

3. 举报煤矿重大安全生产隐患的。

4. 举报隐瞒煤矿伤亡事故的。

5. 举报国家机关工作人员和国有企业负责人投资入股煤矿，及其他与煤矿安全生产有关的违规违法行为的。

6. 举报煤矿其他安全生产违规违法行为的。

21. 区（队）、班（组）长安全生产责任制的内容是什么？

1. 认真执行有关安全生产的规定，模范遵守安全技术操作规程，对本区（队）、班（组）工人在生产中的安全和健康负责。

2. 根据生产任务、作业环境和工人思想状况，具体布置安全工作。对新工人进行现场安全教育，并指定专人负责其劳动安全。

3. 组织区（队）、班（组）工人学习有关安全规程和规定，检查执行情况。教育工人不得违章蛮干，发现违章作业和违反劳动纪律情况，立即进行劝阻。

4. 自身带头遵章守纪，不违章指挥，不强令工人违章蛮干。

5. 经常检查生产中的不安全因素，发现事故隐患及时解决。对暂时不能从根本上解决的问题，要采取临时措施加以控制，并及时上报。

6. 现场发生伤亡事故，要积极组织抢救处理并保护现场。事故发生后要立即组织全体区（队）、班（组）工人认真分析，吸取教训，提出防范措施。

7. 认真做好交接班工作，对于本班存在的不安全隐患必须交接清楚。

8. 对安全工作表现好的工人进行表扬奖励，对"三违"人员给予批评并加以经济处罚。

22. 区（队）、班（组）从业人员安全岗位责任制的内容是什么？

1. 认真学习上级有关安全生产规程、规定和规章制度。积极参加安全技术知识培训。熟悉并掌握安全操作技能。

2. 自觉执行安全生产各项规章制度、安全技术措施和本工种的操作规程。

3. 遵守劳动纪律，服从区（队）、班（组）长的现场管理。

4. 自身不违章操作、作业。制止其他人员违章作业，拒绝区（队）、班（组）长的违章指挥。

5. 爱护、保护安全设施和安全标志。

6. 正确佩戴、使用和爱护个人劳动防护用品。

7. 搞好本工种、本岗位的质量标准化和文明生产工作。

8. 积极参加各项安全生产活动并提出安全生产合理化建议。

9. 发现事故隐患要及时排除。发生事故后要积极参与自救互救、创伤急救活动。

23. 什么是现场安全联防互保制度？

现场安全联防互保制度主要有以下三种形式：

1. 自保

自保是指工人与区（队）、班（组）长签订安全责任状，保证本人安全作业，并承担一定责任。

2. 互保

互保是指工人之间结成对子，签订安全互保合同，规定双方的权利和义务。目前互保形式主要有：一是以作业小组为单位结成互保对子；二是党团员、先进人物与其他工人结成互保对子；三是班（组）长、劳动保护检查员和安全检查工与普通工人结成互保对子；四是老工人与新工人结成互保对子。

3. 联保

联保是指由多名工人组成联保小组。例如，瓦斯检验工、爆破工和班（组）长结成安全爆破联保小组；爆破工、掘进机司机和支架工结成掘进顶板安全联保小组等。还可以与职工家属、共青团组织签订联保公约，发挥家属和青年在安全生产中的作用。

24. 煤矿企业职业健康检查的有关规定是什么?

《煤矿安全规程》中规定:

1. 对新入矿的工人必须进行职业健康检查,并建立健康档案。

2. 定期对接触粉尘、毒物及有关物理因素等作业人员进行职业健康检查。

3. 职业性健康检查、职业病诊断、职业病治疗应由取得相应资格的职业卫生机构承担。

4. 对检查出的职业病患者,煤矿企业必须按国家规定及时进行治疗、疗养和调离有害作业岗位,并做好健康监护及职业病报告工作。

5. 对接尘工人的职业健康检查必须拍照胸大片。《煤矿安全规程》中对检查时间间隔做了具体要求。

25. 煤矿劳动防护用品使用的有关规定是什么?

按照 2005 年 9 月 1 日起施行的《劳动防护用品监督管理规定》要求,必须做到以下几点:

1. 煤矿企业不得以货币或者其他物品替代应当按规定配备的劳动防护用品。

2. 煤矿企业为工人提供的劳动防护用品,必须符合国家或者行业标准,不得超过使用期限。

3. 煤矿企业应当督促、教育工人正确佩戴和使用劳动防护用品。

4. 煤矿工人在作业过程中，必须按照安全生产规章制度和劳动防护用品使用规则，正确佩戴和使用劳动防护用品；未按规定佩戴和使用劳动防护用品的，不得上岗作业。

5. 煤矿工人在使用劳动防护用品的过程中，要爱惜用品，防止发生不应发生的损坏。同时，使用后要及时清洗，经常保持清洁完好，防止霉蛀变质，要妥善保管好。对特殊防护用品（如绝缘用品等）一定要坚持定期复验制度，不合格、失效的一律不准使用。

第二章 入井安全知识

26. 入井前应注意哪些安全事项？

由于煤矿井下自然条件和作业环境复杂、多变，且不安全隐患较多，所以入井前应注意以下安全事项：

1. 注意休息好

下井前一定要注意吃饱、睡足、休息好。不赌博，不打架，做到心情愉快，保持精力旺盛。

2. 入井前严禁喝酒

喝了酒的人，往往神志昏沉、精神不集中、反应迟钝，生产中极易出现差错，甚至酿成事故。

3. 严禁携带烟、火入井

在井下吸烟和点火会引起瓦斯、煤尘爆炸事故或火灾，严重时还会造成矿毁人亡的恶果。所以，入井时主动接受检身，以免把香烟、火柴、打火机误带到井下。

4. 包好锋利工具

入井前要把锋利工具套上防护套，如钢锯、斧子、手镐等，以免在途中碰伤他人或自身。

5. 穿戴防护用品

入井时必须穿戴合格的防护用品，佩带自救器。

27. 对入井人员装束有哪些规定？

由于井下条件特殊，入井人员装束应符合以下规定：

1. 工作服

因为井下气候潮湿，风流速度大、温度低，而且有大量粉尘，所以在下井作业时要穿紧固、保暖的工作服。在穿戴工作服时要注意整齐利索，纽扣扣齐，袖口扎好，腰间系好腰带，防止被转动的机械设备缠绞。

工作服应用棉布做成，不能穿化纤衣服入井。因为化纤衣服容易产生静电，静电火花可能引起瓦斯、煤尘或电雷管意外爆炸。

2. 胶鞋

因为井下作业现场泥水较多，有时还要站在泥水中操作和作业，所以必须穿胶鞋。同时，穿胶鞋还可以防止人体触电。

3. 矿工安全帽

因为井下空间狭小，容易磕碰头部，破碎的顶板矸石经常掉下砸头,所以必须戴好矿工安全帽,以防头部遭到伤害。同时要求帽内衬垫带要合格,戴帽时要系好帽带。

28. 矿灯的作用是什么?

凡入井人员都必须携带矿灯。矿灯在井下使用时主要有以下几方面作用:

1. 照明

矿灯是矿工的眼睛,不带矿灯下井,井下人员与盲人一样,将寸步难行。照明是矿灯的主要功能。

2. 监测、报警

新型矿灯兼有瓦斯监测、超限报警功能,还有的与自救器相结合,具有自救功能。

3. 信号

矿灯可作为辅助信号,不同的晃动方式调度指挥列车前进或者后退、停止。

4. 应急救援

当发生矿井灾害事故时,避灾人员可以使用矿灯进行应急救援的呼救。

5. 清点人数

矿井灾害事故发生后,矿灯房的矿灯数量可作为清点上下井人数和查找未上井人员情况的依据之一。

29. 如何检查矿灯的完好?如何正确使用矿灯?

1. 矿灯的完好检查

矿灯应保持完好，出现电池漏液、亮度不够、电线破损、灯锁失效、灯头密封不严、灯头圈松动和玻璃罩破碎等情况，严禁携带下井。

2. 携带矿灯的注意事项

领到矿灯后，一定要进行认真检查。因为损坏的矿灯可能会产生电火花，引发重大事故。矿灯经检查无误后，要随身佩带好。灯头插在矿工安全帽上，不要提在手里，更不能打悠圈闹着玩；电池盒要系在腰带上，不要用腰带背在肩上。井下禁止拆开、敲打、撞击灯头；不得乱扔磕碰或垫坐电池盒；不得用力拉、刮、挤、咬电缆。上井后要将矿灯及时交还矿灯房，以便检修和充电。

◎真实案例

1996年10月19日，陕西省崔家沟煤矿桃花洞采区，由于3-31号矿灯密封不严，灯头内打火，引起瓦斯爆炸，造成死亡50人，重伤3人，轻伤13人。

30. 井下作业人员必须佩戴和使用哪些劳动保护用品？

《煤炭法》规定，煤矿企业必须为职工提供保障安全生产所需的劳动保护用品。每一位井下作业人员都必须正确佩戴和使用。

煤矿井下劳动保护用品除了工作服、胶鞋和矿工安全帽外，还应有以下几种：

1. 毛巾

井下作业人员脖子上最好围一条毛巾，这样既可以防止煤

（矸）碎块和粉尘通过脖子掉入衣服里面，又可以用来擦汗和污渍。同时，在发生爆炸事故和火灾时，还可以沾湿毛巾捂住鼻口进行自救、互救。

2. 雨衣

有的采掘工作面顶板和两帮淋水较大，或在进行湿式钻眼、洒水防尘和喷射浆液等工序作业时，应穿上雨衣防止因淋湿而感冒生病。

3. 腰带

腰带可以系自救器、矿灯盒和随身携带的小件物品。同时，腰带系在工作服最外面，以使工作服穿着利索。

4. 手套

在井下作业时，有时要接触对人体皮肤有伤害的物品，如喷射混凝土、灌注树脂锚固剂等，必须戴好胶皮手套，以保护双手皮肤。同时，为了减小手的摩擦或免受撞、砸，也需要戴好手套。

5. 防尘口罩

为了减少粉尘对人体呼吸器官的损伤，在井下作业地点粉尘量较大时，必须戴好防尘口罩。

6. 防护眼镜

为了保护眼睛，从事喷射混凝土作业的人员必须戴好防护眼镜。

7. 耳塞

耳塞主要用于预防 90 dB（A）以上噪声。如井下风动凿岩机司机在凿岩时应戴好耳塞，以防听力减退甚至变聋。

31. 下井前要遵守哪些规章制度？

下井前要遵守以下两项规章制度：

1. 班前会制度

班前会主要布置当班的生产工作任务、作业现场存在的不安全隐患和本班应注意的安全事项。

每一名入井作业人员都必须按时参加班前会。在进行安全教育时要注意听清记牢；讨论安全问题时要大胆发言，献计献策；遇到表扬时不要沾沾自喜、忘乎所以；领导批评时也不要灰心丧气、怨天尤人，不能带着不良情绪入井。

2. 入井检身和出入井人员清点制度

《煤矿安全规程》中规定，煤矿企业必须建立入井检身制度和出入井人员清点制度。实行这两个制度的目的是对下井人员应该做到的基本要求，进行督促和检查；准确掌握出入井人员情况。如果在入井检身时发现误带了烟、火，可以在下井前取出，存于井上；出入井清点人员可以准确地掌握井下现有人数，当井下发生意外事故时，能及时掌握井下人员的情况，便于实施救援。

32. 乘坐立井罐笼应注意哪些安全事项？

1. 上下井时要遵守井口、井底的制度，在指定地点等候，等罐笼停稳后，排队按次序进出罐笼，不得私自撩开罐帘、罐门，不得争抢拥挤。

2. 乘罐时要服从井口把钩人员指挥，自觉接受井口检查人员的检查和劝告。

3. 人员进入罐笼后，不准打闹；手握紧扶手，手脚和头不准探出罐笼外。

4. 任何人不得与携带炸药、雷管的爆破工同罐上下。

5. 不准乘坐提升煤炭的箕斗、无安全盖的罐笼和装有设备材料的罐笼。

6. 上下井乘坐吊桶时，必须系牢安全带。要脸向外，身体任何部位都不能突出容器外缘，同时吊桶的安全装置应齐全、良好。

◎真实案例

1998年6月25日13:55，河北省唐山市金庄六井因工人违章乘坐箕斗上井，超重提升发生蹲罐事故，死亡6人。

当班换班时，李××等6人向箕斗内装了三车（约800 kg）煤炭后，其中5人跳进箕斗内，谭××发了两下提煤信号，也随即跳入箕斗内等待升井。当绞车提升约30 m高度时，绞车滚筒突然逆转，速度非常快，当即采取紧急刹车和变挡措施，结果没有任何效果，瞬间钢丝绳抽断，滚筒衬木外层脱落3/4，箕斗坠入井底，箕斗内6人全部遇难。

33. 巷道行走一般应注意哪些安全事项？

由于井下巷道条件特殊，空间小、光线暗、噪声大、粉尘多和运输忙，人员在巷道中行走时应注意以下安全事项：

1. 行人如果要到井筒对面去，必须经人行绕道过去，禁止穿越井底直接走到对面。

2. 在井下行走时最好2人以上结伴同行，遇事可以互相关照。

3. 在井下巷道行走时，要戴好安全帽和矿灯，眼观前方各种信号、路标和车辆，耳听信号和车响。不要大声说笑、吵架和嬉戏打闹，思想要集中，双脚要踩实踏稳。

4. 下井携带物品不要超过头顶高度，千万小心金属制品（如铁杆、铁锹和铁镐等）不要触及架空线，也不要扎坏电缆、胶管或碰伤人员。

5. 挂有"禁止入内"或危险警告标志的地方，严禁进入。没有到过的、无风的井巷或硐室，千万不要乱进。

6. 不是自己工作责任范围内的设备、设施不要随便乱摸、乱开、乱关，更不能向电气设备浇水，以防触电。

7. 在井下休息时，应选择顶板完整、支架完好、不影响行车和通风良好的地点。不能在密闭墙附近或钻入栅栏区内休息。禁止任何人在井下睡觉。

34. 在通风巷道行走应注意哪些安全事项？

1. 在有风门的巷道中行走时，要过一道风门关一道风门，不能两道风门同时敞开。开一道风门行人时，敞开风门时间也不能过长。同时，过风门时要严防对面来人开门撞伤自己或自己开门撞伤对面来人，或者关门时碰伤后面来人。开门用力大时双脚要站稳，防止摔倒，关门时要轻轻关上。不要用脚蹬或者用撬棍撬开风门。过风门时要快速通过，谨防风门自动关上时将自己拍伤。

2. 在回风巷道行走时，要走在巷道中间。在通过有积水的巷道时，尽量使双脚踩在铁道上。注意底板的煤（矸）堆或石块，谨防绊倒。同时，应避开巷道支架、管道、缆线，以免碰伤头部。

35. 在运输巷道行走时应注意哪些安全事项？

1. 一定要走在大巷的一侧人行道上，严禁在轨道中间行走。走在水沟盖板上面时，要注意盖板是否安全、稳固。若巷道无人行道，必须预先与信号把钩工联系好，经同意后方可行走。

2. 不能随便横越轨道。若因生产工作需要横越时，必须确认（眼观、耳听）无运行车辆到来后再横越行走。

3. 在巷道人行道行走时，如发现有运行车辆通过，人员应站在人行道紧靠巷道侧帮，停止行走。如果人行道宽度不够，应迅速就近进入躲避硐或足够宽的地点暂避，等车辆通过后再走，或者向司机发出停车信号，待行人躲避好以后再行车。

4. 行走在接近巷道拐弯处和岔道口时，要停步观望和侧耳细听有无运行车辆接近的信号，确认没有后方可继续行走。

5. 要横过绞车道或无极绳道时，必须等牵引钢丝绳停止运行后才能横跨。不准跨在钢丝绳上行走，通过弯道时要走在钢丝绳弯弧外侧。

36. 在绞车斜巷行走时应注意哪些安全事项？

绞车斜巷是运输事故常发部位，在绞车斜巷行走时必须格外小心谨慎。

1. 在绞车斜巷行走时,要严格遵守"行人不行车,行车不行人"的规定。

由于在行人时没有车辆运行,不必担心车辆刮人或车辆跑车伤人的情况;在行车不行人时,即使车辆发生跑车事故,因为当时在斜巷中没有行人,所以不会引发伤人事故。

执行"行人不行车,行车不行人"的规定,可以采取两种方法:一是规定行人和行车不同的时段,使人和车辆不同时出现在斜巷中,或者规定专用行人和专用绞车;二是人与车同时出现在同一斜巷中,当红灯亮时,行人立即就近进入躲避硐,红灯灭、绿灯亮时方可继续行走。

2. 任何人不准从斜巷井底穿过,必须从专门设置的绕道行走。

◎ 真实案例

1988年5月8日0:58,河南省洛阳市伊川县鲁沟一矿一水平车场在斜井提升时,由于连接插没有插好发生跑车。此时14人违章由斜井升井(该斜井为主井,不允许行人;副斜井专为通风和上下井使用),从井下升井的工人上行15 m,发现跑车,便向斜井一水平车场回跑。升井时走在后面的一名工人,因年纪大,被其他人挤到巷道西侧,未被矿车碰伤,其他13人(其中2名挂钩工和1名开车工)被矿车撞倒在一水平车场,死亡10人,重伤2人,轻伤1人。

37. 在输送机巷道行走时应注意哪些安全事项?

在刮板输送机巷道行走时应注意以下安全事项:

1. 巷道中安设有刮板输送机时，人员应行走在输送机距离巷道壁帮比较宽敞的人行道上。

2. 严禁在输送机刮板上行走，或在刮板上休息。

3. 在输送机运行前，严禁坐在机身煤堆上或蹲在刮板上随输送机前进。

4. 严禁从输送机机头处横过。

5. 从输送机机尾处横过时要走"机尾过桥"，千万注意不要跌在机尾处，以免被搭接的输送机机头卷入底槽。

38. 在带式输送机巷道行走时应注意哪些安全事项？

1. 在带式输送机巷道中，人员应在输送机距离巷道壁帮比较宽敞的一侧人行道上行走。

2. 严禁人员乘坐带式输送机（有特殊规定的除外）。

3. 横过带式输送机时，必须通过"过人天桥"，严禁从胶带下钻过或在胶带上爬越。

4. 不得行走在带式输送机上面。

5. 行走人员的身体各部位和所携带物品不得触及输送机运转的胶带。

39. 井下乘坐人车时应注意哪些安全事项？

1. 在平巷和斜巷中，必须乘坐专门运送人员的带有顶盖、从侧面上下车的人车，其他车辆一概严禁乘坐，如固定车厢式矿车、翻转车厢式矿车、底卸式矿车、材料车和平板车等。

2. 要服从跟车工和安全管理人员指挥，按规定人数乘坐，不得超员。

3. 车未停稳或在行驶途中不准上下人员。严禁在列车行驶时扒在车尾、蹬在车连接处、挤在车头处或者翻越车厢。

4. 乘坐专用人车时要及时挂好车门防护链（杆）。乘车人员身体各部位不要露在车厢的两侧。不要在车内嬉戏打闹或打盹睡觉。

5. 携带的其他物品严禁露出车外。

6. 当人车行驶途中发生异常情况时，如掉道、脱轨、翻车等，乘车人员应向司机晃灯和呼叫，发出紧急停车信号。

7. 爆破工乘坐装有爆炸材料的人车时应按有关规定执行。

40. 乘坐"猴车"时应注意哪些安全事项？

"猴车"即无极绳绞车，系运送人员的设施。由于它操作简单、乘坐安全、上下方便，在倾斜巷道中常用来运送人员。乘坐"猴车"时必须注意以下安全事项：

1. 上、下车前要提前做好思想准备，做到稳上、稳下。

2. 乘坐时要坐正、踩牢，双手紧扶吊杆，眼睛目视前方。

3. 千万不能用手去触摸钢丝绳和绳轮，以防将手咬伤。

4. 每只吊座只能乘坐1人，不得超乘。

5. 乘坐"猴车"不能携带超高、超重物件。

6. 在"猴车"运行途中，不要使乘坐的吊座左右摆动。特别是下车后严禁使吊座大幅度前后左右摆动，避免与对面运来的吊座互相勾连造成事故。

7. 在乘坐过程中，要精神集中，严禁与对面来人嬉戏打闹，下车后慢跑几步再恢复正常行进速度。

41. 乘坐带式输送机时应注意哪些安全事项?

1. 带式输送机必须经批准且制定专门安全措施才能乘坐。

2. 上下输送机时人身稍向上方倾斜。在输送机运行途中，严禁在胶带上站立或仰卧。输送机向上运行时，人员应俯卧在胶带上，头朝上目视上方；输送机向下运行时，人员应坐在胶带上，目视下方。

3. 乘坐人员在胶带上的间距应不小于 4 m，以免胶带局部过载。

4. 乘坐人员严禁携带超长、超重物件。严禁同时运送人员和其他物件。

5. 在乘坐运行中，人员身体的任何部位和携带物件均不得超出胶带两侧，更不准触及顶板、壁帮和一切机械转动部位。

6. 乘坐时不准嬉戏打闹，也不准打盹睡觉，要随时注意输送机运行情况，发现紧急情况立即操作急停按钮，使输送机停止运行。

7. 上下输送机必须在设置的上下人平台处。到达平台前做好下带准备，下带时双脚用力迈到平台上，双手紧扶住平台栏杆，缓步走下平台。

第三章 煤矿采掘及顶板管理知识

42. 煤是怎样形成的?

煤是由古代植物遗体演变而来的。

1. 泥炭化阶段——由植物遗体变成泥炭的阶段

在古代泥炭沼泽中,植物生长十分茂盛。植物不断地繁殖、生长和死亡,其遗体倒在水中,被水淹没而隔离了空气,不断聚积加厚,同时又不断分解化合,形成了泥炭。

2. 煤化阶段——由泥炭变成褐煤的阶段

泥炭形成以后,由于地壳下沉,被泥沙等沉积物覆盖掩埋,在高温、高压作用下,泥炭层开始脱水、压紧、体积缩小,密度和硬度增大,碳含量逐渐增多,氧含量进一步减少,从而形成了褐煤。

3. 变质阶段——由褐煤变成无烟煤的阶段

褐煤形成以后,如果地壳继续下沉,则在温度更高和压力更大的条件下，褐煤内部将进一步变化，最终形成了烟煤，烟煤继续变质就形成了无烟煤。

43. 煤层是如何按厚度和倾角划分的？

1. 煤层厚度

煤层厚度是指煤层顶底板之间的垂直距离。由于煤层沉积条件不同，造成厚度也不同，有的差别很大。形成的泥炭层下沉后，不断又有新的植物生长、死亡、繁殖，形成新的泥炭层。如此反复，使得形成的褐煤厚度增加。我国煤矿煤层厚度从几厘米到几十厘米，有的厚达十几米，甚至百余米。

煤层厚度分为三类：

薄煤层：煤层厚度<1.3 m。

中厚煤层：煤层厚度为 1.3～3.5 m。

厚煤层：煤层厚度>3.5 m。

在采煤生产活动中，习惯将厚度在 6 m 以上的煤层称为较厚煤层。

2. 煤层倾角

煤层倾角是指倾斜煤层相对水平面的夹角。由于地壳运动的作用，原来呈水平状的煤系地层发生变化，有的变陡，有的变缓，呈不同的形态。煤层倾角分为四类：

近水平煤层：煤层倾角<8°。

缓倾斜煤层：煤层倾角为 8°～25°。

倾斜煤层：煤层倾角为 25°～45°。

急倾斜煤层：煤层倾角>45°。

在采煤实践中，还可能碰到煤层倒转现象。

44. 什么是煤层顶底板？

位于煤层上面的岩层称为顶板，位于煤层下面的岩层称为底板。按照与煤层距离自近至远的情况，顶板又可分为伪顶、直接顶和基本顶（老顶）三类；底板又可分为直接底和基本底（老底）两类。

基本顶主要岩层：砂岩或砂砾岩。

直接顶主要岩层：页岩或粉砂岩。

伪顶主要岩层：碳质页岩或页岩。

直接底主要岩层：黏土岩或页岩。

基本底主要岩层：砂岩或砂质页岩。

煤层顶底板岩性和赋存条件与采掘工作面顶板安全管理关系十分密切。顶板为页岩或碳质页岩时，顶板容易破碎，在采掘生产活动中经常造成冒顶；顶板为砂砾岩时，顶板非常坚硬稳固，在回柱放顶时或综采工作面推采以后，常在采空后形成大面积悬顶不落，一旦垮落下来，对工作面产生巨大破坏作用，甚至摧垮整个采煤工作面和附近巷道；底板为黏土岩时，支柱容易钻底，底板容易遇水膨胀鼓起，影响采掘工作面的支护效果。所以，必须采取有针对性的安全技术措施，确保顶板安全。煤层顶底板示意图如图3—1所示。

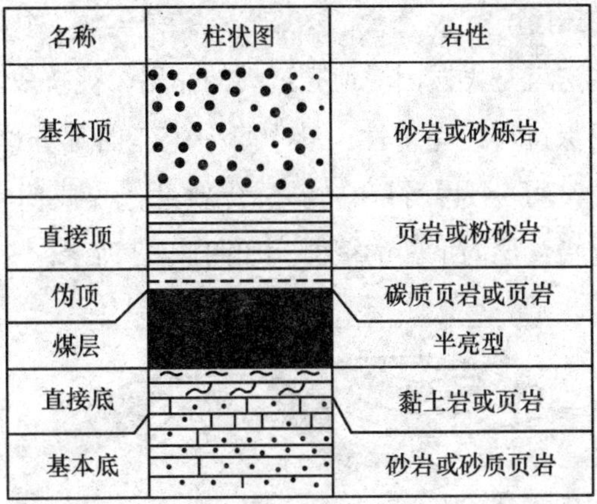

第三章 煤矿采掘及顶板管理知识

名称	柱状图	岩性
基本顶		砂岩或砂砾岩
直接顶		页岩或粉砂岩
伪顶		碳质页岩或页岩
煤层		半亮型
直接底		黏土岩或页岩
基本底		砂岩或砂质页岩

图 3—1 煤层顶底板示意图

45. 地质构造有哪些种类？

1. 单斜构造

单斜构造就是在一定范围内，煤层大致向同一方向倾斜。如图 3—2 所示。

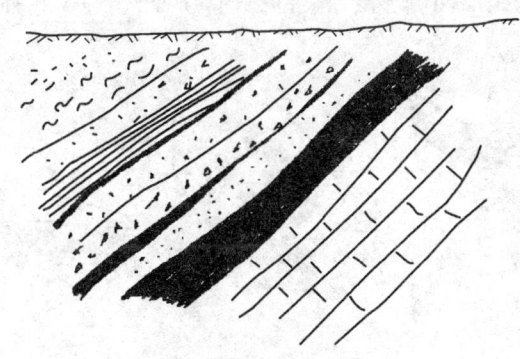

图 3—2 单斜构造

2. 褶皱构造

褶皱构造就是煤层因受地壳运动的作用，被挤成弯弯曲曲的状态，但仍保持连续完整性。其中每一个弯曲部分称为"褶曲"构造，褶曲又可分为背斜和向斜。背斜是指煤层向上凸起的褶曲，向斜是指煤层向下凹的褶曲。如图 3—3 所示。

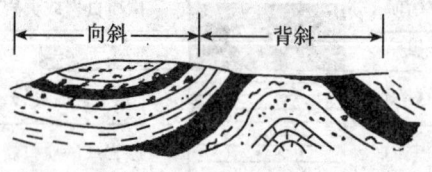

图 3—3 褶皱构造

3. 断裂构造

断裂构造就是煤层因受地壳运动的作用而形成断裂，失去了原来的连续完整性。断裂构造又可分为裂隙和断层。裂隙是指断裂面两侧的煤层没有发生显著的错位；断层是指断裂面两侧的煤层已经发生了显著的错位，断层对采掘作业安全影响极大。

根据断裂面两侧煤层错位的方向，将断层分为三种类型。如图 3—4 所示。

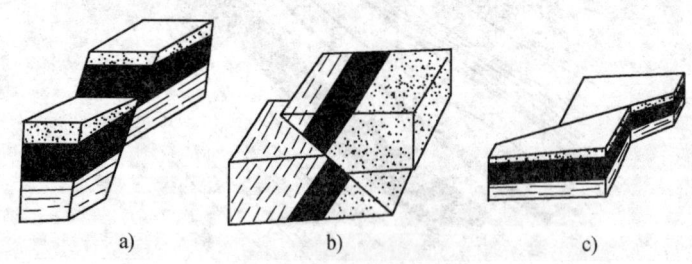

图 3—4 断裂构造
a) 正断层 b) 逆断层 c) 平移断层

正断层：上盘相对下降，下盘相对上升。

逆断层：上盘相对上升，下盘相对下降。

平移断层：两侧煤层沿断裂面做水平移动。

46. 什么是敲帮问顶操作方法？

敲帮问顶是指人员站在安全地点，用手镐或专用工具敲击顶板（或两帮），以测试其完整性和稳定性的一种方法。

敲帮问顶操作时应注意以下安全事项：

1. 敲帮问顶应从有完好支架的地点开始，从近及远，先顶后帮进行。敲帮问顶所触及顶板点应避开人员站立位置。敲帮问顶范围内严禁其他人员进入。

2. 敲帮问顶时，顶帮如果发出空旷的回声，说明顶帮有松动现象，必须立即撬下。

3. 敲帮问顶时，顶帮如果发出清脆的回声，接着用手指紧贴顶帮，敲击顶帮没有振动感，说明顶帮没有松动离层现象，是安全的；如果手指感到振动，即使声音清脆，也说明这块大岩石已经与顶帮岩体离层，必须立即加强支护。

4. 禁止两人同时在一个地点进行敲帮问顶，以免相互干扰。如果在冒落高度较高或顶板条件较恶劣的地点进行敲帮问顶，应当由两名有经验的人员配合操作，一人手执手镐或长钎敲帮问顶，另一人观察顶板变化和安全退路，前者应站在安全地点，后者应站在侧后方，并保证两人退路畅通。

5. 敲帮问顶时应戴好手套，遇有顶板破碎掉矸，立即扔掉工具撤至安全地点。

47. 梯形金属支架架设安全质量要求是什么?

架设梯形金属支架时，应根据巷道断面的大小，由 2～4 人操作。架设步骤：先安设铁腿，用木板将其稳固，然后把铁梁架设在铁腿上，在铁梁上塞木楔使腿、梁稳定，再在梁上穿插背板，最后用拉紧装置将相邻两支架连接牢靠或打好撑木。

1. 不同品种、型号的刚性金属支架，不得混合使用，避免支架的工作性能不同，造成某些支架集中受压。

2. 支架背板必须根据围岩条件采取密集、间隔或稀疏背板，并做到均匀对称布置。

3. 在有瓦斯、煤尘爆炸危险的工作面，禁止用铁锤打击支架，防止产生火花引起爆炸事故。

4. 腿、梁连接不吻合时，要调整腿、梁倾斜度和方向，不准在缝口处打入木楔，更不准砸掉焊接的挡板。

5. 为了一次架设成功，可使用一根木杆插入腿窝，根据木杆与其后部支架上端高差，再调整腿窝深浅，防止支架架设后因不合格而撤去重新架设，或者出现空帮空顶现象。

48. 拱形金属可缩性支架结构分哪几部分?

拱形金属可缩性支架具有支撑能力高、可缩性大、稳定性强、复用率高等优点，适用于井下一切巷道，特别是矿压明显的采动巷道。其缺点是投资大、架设和回撤较困难。

拱形金属可缩性支架由以下五部分组成：

1. 顶梁

顶梁为拱形。根据巷道断面大小、支架受力状况和运输条件的不同，顶梁数量有一节、两节或三节等多种。

2. 柱腿

柱腿有全部为曲线状（有一个曲率半径和两个曲率半径之分）和上弧下直状两种。底座焊有一块钢板，其面积视底板岩性而定。

3. 连接件

连接件是支架节与节之间的卡紧连接装置，它调节与控制支架的可缩性，通常要求卡缆螺母扭紧力矩为 150 N·m，以保证支架的初撑力。

4. 架间拉杆

架间拉杆的作用是增加支架的纵向稳定性和整体性。

5. 背板

背板的作用是改善支架的受力状况，并保持围岩的完整性和稳定性。

49. 拱形金属可缩性支架架设安全质量要求是什么？

架设拱形金属可缩性支架有以下安全质量要求：

1. 梁与梁、梁与柱搭接处严禁使用单卡缆，其搭接长度、卡缆中心距要符合作业规程的规定要求，误差不得超过±10%。

2. 顶梁和柱腿搭接吻合后，可先在两侧各上一只卡缆，然后背紧顶板和两帮，再用中、腰线检查支架支护质量，合格后误差不超过 10%（一般巷道）。

3. 相邻两架拱形金属可缩性支架之间应使用金属支拉杆进

行连接加固，并用机械或力矩扳手拧紧金属支拉杆螺母。

4. 架设拱形金属可缩性支架可以采用两种方法：

（1）先架设柱腿，并将柱腿稳固起来，然后再架设顶梁，最后安装卡缆。

（2）先架设顶梁，把顶梁提至要求的高度以后，固定起来，在顶梁保护下，架设柱腿和安装卡缆。顶梁的架设可以由人工进行，也可以用支架上梁器、前探梁或掘进机截割悬臂进行上梁。

5. 若巷道断面大，需要登高上梁、插背板或拧紧螺母等作业时，必须搭设牢固可靠的脚手架或工作台。

50. 喷射混凝土支护操作有哪些安全注意事项？

操作喷射混凝土支护有以下安全注意事项：

1. 输料管路、风管、水管接头必须严紧，不得破损，不得有急弯。喷射作业人员要佩戴齐全有效的劳动防护用品。

2. 人工或机械配拌料时必须采用潮拌料，要求混合均匀。

3. 喷射前必须用高压风水冲洗岩面。开机时必须先给水，后开风，再开机，最后上料；停机时，要先停料，后停机，再关水，最后停风。

4. 合理划分作业区段，区段最大宽度不应超过 2 m。喷枪头与受喷面应尽量保持垂直。喷射顺序为：先墙后拱，从墙基开始，自下而上进行。喷头应按螺旋形一圈压半圈的轨迹移动，螺旋圈的直径不得超过 250 mm。

5. 一次喷射混凝土厚度应大于 50 mm。如一次喷射厚度达不到设计要求时，应分次喷射，但受喷间隔时间不得超过 2 h。

6. 喷射工作结束后，喷射层必须连续洒水养护 7 天以上，每天洒水不得少于 1 次，离开作业场所前，必须卸下喷头，清理水环和喷射机内外部的灰浆和材料。

51. 砌碹有哪些安全质量要求？

砌碹有以下安全质量要求：

1. 基础桩应挖到实底，如基础下是煤层或软岩时，基础必须加深、加宽；底鼓严重时，应加砌底拱。基础桩挖好后，应排净积水，铺好底部灰浆，墙基背后必须用灰浆填满。

2. 砌墙时必须将料石摆正放平，不平稳时应用碎石垫平、垫稳。料石大面缝口应和巷道坡底一致。

3. 料石压茬要明显。在正常情况下，压茬宽度不得小于料石宽度的 1/40，接茬要严密，严禁出现对缝、重缝和齐茬。砂浆配比要符合要求，砂浆均匀饱满，无干裂缝，严禁干垒。

4. 砌拱时应从两侧墙砌向拱顶，每块料石要用顶头灰，封口的砌块之间必须用石楔打紧，封顶时应在拱顶中心由里向外合口，要使用合适的料石，以防封口不严和灰缝过大。封口后应在背部浇抹砂浆。

5. 砌碹与巷壁之间必须用不燃性材料填实。

6. 采用浇筑混凝土砌碹时，要先清理模板上的矸石杂物，按设计配合比拌好混凝土，并检查钢筋排列数量、直径、规格和位置是否符合设计要求。浇筑时要均匀、捣实。

52. 锚杆支护操作有哪些安全质量要求？

锚杆支护操作有钻锚杆眼和安装锚杆两方面安全质量要求。

1. 钻锚杆眼安全质量要求

（1）钻眼前，应按照中、腰线严格检查巷道断面，必须首先进行敲帮问顶，有问题应提前处理好。用粉笔或黄泥标好锚杆眼位并在钎杆上做出眼深标记。

（2）钻眼时必须在前探梁、临时支架或点柱掩护下进行，严禁空顶作业；钻眼顺序应由外向里进行。

（3）锚杆眼的方向、角度，原则上应与岩石的层理面垂直，当层理面不明显时，锚杆眼方向应与巷道垂直。

2. 安装锚杆安全质量要求

（1）安装前，应先检查锚杆眼布置形式、眼距、眼深、角度及锚杆部件，如不合格必须及时处理；并将眼内的积水、煤岩粉屑用掏勺掏出或用高压风吹扫干净。吹扫时，眼口方向不得有人。

（2）安装锚杆时托板要紧贴壁面，不得有松动现象。锚杆安装时的预应力必须符合作业规程的规定要求。

（3）锚杆的外露高度要符合要求，一根锚杆不允许上两个托板或螺母。

（4）锚杆安装后，要定期按规定进行锚固力检测，对不合格的锚杆必须重新补打。

53. 如何合理布置炮采工作面炮眼？

合理布置炮采工作面炮眼有以下主要参数：

1. 炮眼布置形式

炮采工作面炮眼布置主要有单排眼、双排眼（包括对眼、三花眼和三角眼）及三排眼（包括五花眼）等形式。

炮采工作面炮眼布置形式主要取决于工作面采高及煤层软硬、顶板完整状况。例如，单排眼一般适用于薄煤层或煤层软、节理发育、顶板破碎的工作面；三排眼主要适用于煤层坚硬、采高较大和顶板完整的工作面。

2. 炮眼角度

（1）炮眼与煤壁的水平夹角一般为 50°～80°，软煤取大值，硬煤取小值。

（2）顶眼在垂直面上向顶板方向保持 5°～10° 的仰角，视煤层软硬、黏结和顶板完整状况而定。

（3）底眼在垂直面上向底板方向保持 10°～20° 的俯角，使眼底接近底板。

3. 炮眼深度

炮眼深度应根据每茬炮的工作面推进度而定，一般为 1.0～1.2 m。

4. 装药量

每个炮眼的装药量应根据煤层软硬、炮眼位置和深度及爆破顺序而定，通常为 150～600 g。

54. 单体液压支柱有哪些操作安全注意事项？

操作单体液压支柱有以下安全注意事项：

架设单体液压支柱必须两人操作。

其中一人扶柱，将手把柄和注液阀调整到规定位置，使注液阀朝向采空区或向下方，以方便回柱放顶。另一人先用注液枪清洗注液阀嘴，然后将注液枪卡套卡紧注液阀，开动手柄均匀注液，使活柱上升卡在梁牙之间，继续供液使支柱达到撑力标准为止，最后卸下注液枪并将其吊挂在支柱把手上。

2. 卸压降柱时，将卸载扳手插入支柱三角阀一端，轻轻一扳，安全阀打开，柱内乳化液喷出，活柱慢慢下缩。

3. 单体液压支柱在第一次使用时或闲置一段时间再使用时，柱筒内可能积聚大量空气，影响支护效果，必须按最大行程进行升柱、降柱，至少 2～3 个循环，以排除柱筒内的空气。

4. 为保证支柱有足够的初撑力，并且不少于 50 kN，升柱时注液要保持一定时间方可停止操作。支柱架设后，必须对初撑力达不到要求的进行二次补充注液。

5. 不准用手镐尖代替卸载扳手。对顶板下沉"压死"的支柱，要采取先打好临时支柱再挑顶或卧的方法取出，禁止用绞车硬拉。

55. 使用 π 形长钢梁有哪些优缺点？

π 形长钢梁是由两根 π 形钢梁对焊而成的钢梁。其长度有 2.4 m、2.6 m 和 3.4 m 等多种。

1. π 形长钢梁和单体液压支柱配套形式

（1）采用 π 形长钢梁和单体液压支柱配套组成交替迈步对梁支护顶板。

（2）采用 π 形长钢梁对梁与金属铰接顶梁混合支护顶板。

2. 使用 π 形长钢梁的优点

（1）大大缩小顶板支护的端面距，改善了机道顶板维护状况。

（2）由铰接支护变为刚性支护，提高了支架的刚度。

（3）避免了一柱一梁的单腿支架，增加了支架的稳定性。

（4）在工作面回柱放顶时，由于主、副梁之间相互支撑，保证了作业安全。

3. 使用π形长钢梁的缺点

工人劳动强度较大，且必须双人作业。

综上所述，使用π形长钢梁，可减少顶板事故，提高工作面开机率，所以被广泛应用在高档普采和炮采工作面支护中，特别是顶板较破碎和片帮严重的煤层。

56. 架设π形钢梁的步骤是什么？

架设π形钢梁的步骤如下：

1. π形钢梁一般分主、副梁成对使用。

2. 架设π形钢梁时每组不少于2人。

3. 移主梁：采煤机割煤或爆破落煤后，先将主梁支柱卸载，向前串主梁，按排距要求打齐一梁三柱，并按作业规程的规定对顶板进行插背。

4. 移副梁：主梁移完后，及时采用采煤机割底煤或钻底眼装药爆破，首先加补主梁的贴帮柱，然后逐个摘副梁采空区侧支柱，并将副梁与主梁并齐，升紧支柱。

5. 向前移梁时必须使π形钢梁保持平顺。歪扭、顺风、受力不均处及时调整。移梁宽度保持一致。为防止π形钢梁旋扭，支柱与钢梁必须是面接触，四爪卡牢。

6. 移梁必须按照规定顺序进行。严禁人员站在主梁采空区侧柱与副梁采空区侧柱之间操作。

57. 自移式液压支架移架方法是什么？

自移式液压支架移架方法主要有以下三种：

1. 单架依次顺序法

单架依次顺序法是在采煤机割煤后，支架沿着采煤机牵引方向依次顺序前移，移架步距等于截深，支架最终被移设成一条直线状。

此法操作简单，容易保证移架质量，能适应不稳定顶板，因此被普遍采用，但移架速度较慢。

2. 分组间隔交错法

分组间隔交错法是在采煤机割煤后，支架沿着采煤机牵引方向分为2~3组，每组由2~3个支架组成，移架时按分组间隔交错顺序前移。

此法移架速度快，但顶板下沉量大，适用于顶板稳定的工作面。

3. 成组整体依次顺序法

成组整体依次顺序法是在采煤机割煤后，支架按组（每组2~3个支架）沿着采煤机牵引方向依次顺序前移，每次移1组。

此法移架速度快，一般由大流量电液阀成组控制整体前移。

58. 自移式液压支架支护方式有哪些？

自移式液压支架支护方式主要有以下四种：

1. 及时支护方式

及时支护方式是在采煤机割煤后，及时前移支架支护顶板，然后将刮板输送机推至煤壁。

此方式能够缩小空顶的时间和面积，减小顶板下沉量；同时保证了工作空间，有利于行人、通风和运料。主要适用于顶板较破碎并容易冒落的工作面。

2. 滞后支护方式

滞后支护方式是在采煤机割煤后，先将刮板输送机推至煤壁，然后前移支架。

此方式与及时支护方式不同，主要适用于顶板较完整、稳定的工作面。

3. 超前支护方式

超前支护方式是在采煤机割煤前，液压支架就利用前柱与刮板输送机之间的间隙向前推移，使顶板超前进行支护，然后再割煤、推移刮板输送机。

此方式有利于控制破碎顶板，特别适用于顶板非常破碎和煤壁严重片帮的工作面。

4. 复合支护方式

复合支护方式是在采煤机割煤后，支架伸出前探梁，打开护帮板，对悬露顶板和煤帮进行支护，然后推移刮板输送机，最后移架。

此方式主要适用于破碎顶板、片帮工作面。

59. 综采工作面有哪些安全规定？

综采工作面采煤时应遵守以下安全规定：

1. 工作面倾角大于15°时，液压支架必须设置防倒、防滑装置。倾角大于25°时，必须制定防止煤（矸）窜出刮板输送机伤人的措施。

2. 严禁工作面采高大于液压支架的最大支护高度。当煤层变薄时，采高不得小于支架的最小支护高度。

3. 当采高超过3m或片帮严重时，液压支架必须有护帮板，防止片帮砸人。

4. 液压支架必须接顶。在处理支架上方冒顶时，必须制定安全技术措施。

5. 采煤机割煤与移架之间的悬顶距离超过作业规程规定要求或发生冒顶、严重片帮时，必须停止采煤。

6. 工作面两端必须使用端头支架或增设其他形式的支护。

7. 工作面转载机安装破碎机时，破碎机必须有安全防护装置。

8. 处理倒架、歪架、压架及更换支架和拆修顶梁、支柱、底座等大型部件时，必须制定安全技术措施。

9. 乳化液的配制、水质、配比等必须符合有关要求。泵箱应设自动给液装置，防止吸空。

60. 自移式液压支架操作有哪些规定？

操作自移式液压支架有以下规定：

1. 液压支架工必须经过专门培训，经考试合格后方能上岗作业。通过培训使操作人员做到"四懂"和"四会"。

"四懂"：懂综采工艺，懂支架结构、性能和工作原理，懂本工种操作规程，懂支架完好标准。

"四会"：会操作，会检查，会维修保养，会排除故障。

2. 支架所有阀组、立柱、千斤顶均不准在井下拆检，必要时可进行整体更换，更换前尽可能将活柱缩到最短，接头处要及时装上防尘帽。

3. 备用的各种液压软管、阀组、液压缸、管接头等必须用专用堵头堵塞，更换时用乳化液清洗干净。

4. 更换胶管和阀组液压元件时，只准在"无压"状态下进行，而且不准将高压出口对人。

5. 不准随意拆除和调整支架上的安全阀。

6. 液压支架工要与采煤机司机密切配合，移架如果赶不上割煤速度，超过规定的滞后距离时，应要求暂停割煤。

7. 移架后要达到"三直二平"标准，即煤壁、刮板输送机和支架分别成直线状，刮板输送机和支架平稳牢靠。

61. 液压支架操作前应做哪些准备工作？

操作液压支架前应做好以下各项准备工作：

1. 备齐扳手、钳子、旋具、套管、小锤等工具及 U 形销、高低压胶管、接头、密封圈等备品备件。

2. 检查液压支架有无歪斜、倒架、咬架，支架前端、架间有无冒顶、片帮危险，顶梁与顶板接触是否严密，架间距是否合理，支架是否排列成一条直线，如果有问题必须提前处理好。

3. 检查液压支架的结构件、液压件、电缆槽等处是否有开焊、变形、缺件、破损、松动等现象，如果有问题必须提前处理好。

4. 检查架间、架前和架厢里是否有浮煤（矸）及其他杂物，如果有必须清理干净。

5. 打开架间喷雾装置进行试喷雾，检查水质、水量、水压和喷雾效果是否符合要求，及时疏通和更换不合格的喷头。

6. 检查液压管路，保证液压管路吊挂整齐，不能有埋、压、挤和扭折现象。

62. 自移式液压支架移架步骤及注意事项是什么？

自移式液压支架移架有以下步骤并应注意以下事项：

1. 收回伸缩梁、护帮板和侧护板。

2. 操作前探梁回转千斤顶，使前探梁降低，躲开前方的障碍物。

3. 降柱使主顶梁略离顶板，一般为 65~200 mm。

4. 当支架可移动时立即停止降柱，使支架移至规定位置。

5. 调架使推移千斤顶与刮板输送机保持垂直，支架不歪斜，中心线符合规定，整个工作面支架排成一条直线。

6. 升柱同时调整平衡千斤顶，使主顶梁与顶板严密接触约 3~5 s，以保证达到初撑力。

如果降柱幅度低于邻架侧护板时，升架前应先收回邻架侧护板，待升柱后再伸出邻架侧护板。

7. 伸出伸缩梁使护帮板顶住煤壁。

8. 伸出侧护板使其紧靠相邻下方支架。

9. 将各操作手把扳到"零"位。

63. 工作面冒顶时移架方法有哪些？

工作面发生冒顶时主要有以下五种移架方法：

1. 木料刹顶法

主顶梁前端顶板破碎局部冒顶时，在顶梁上方用半圆木刹顶，升柱使其严密接顶，再移架。

2. 搭设木垛法

支架上方顶板冒顶有倒架危险时，应在顶梁上用方木或半圆木搭设木垛支顶空间。木垛最下层木料的两端要分别搭在相邻两支架顶梁上并与顶梁垂直，移架时交替前移。

3. 挑顺山梁法

采煤机割煤后，为防止移架时冒顶，在顶梁上平行煤壁方向放置1～3根（长2～3 m）木梁，升柱使木梁支护顶板，在木梁掩护下移架。

4. 架走向棚法

支顶板非常破碎、片帮严重时，则贴煤壁打临时支柱，架设垂直煤壁的木支架，木梁的另一端搭在前梁上，液压支架前移，托住木支架，回撤临时支柱。

5. 搭木梁法

在煤壁靠近顶板处掏一梁窝，把木梁的一端插入梁窝内，另一端搭在支架顶梁上，以支护不完整顶板。

64. 哪些情形严禁采用放顶煤开采？

《煤矿安全规程》中规定，在下列情形下严禁采用放顶煤开采：

1. 采用木支柱支护的工作面。
2. 采用金属摩擦支柱支护的工作面。
3. 倾角大于30°的煤层采用单体液压支柱支护的工作面。
4. 冲击地压煤层采用单体液压支柱支护的工作面。
5. 煤层平均厚度小于4 m的。
6. 采放比大于1：3的。
7. 采区或工作面回采率达不到矿井设计规范规定的。
8. 煤层有煤（岩）和瓦斯（二氧化碳）突出危险的。
9. 坚硬顶板、坚硬顶煤不易冒落，且采取措施后冒放性仍然较差，顶板垮落充填采空区的高度不大于采放煤高度的。
10. 矿井水文地质条件复杂，采放后有可能与地表水、老窑积水和强含水层导通的。
11. 在高瓦斯矿井的易自燃煤层，当采取综合防治措施后，仍不能保证本煤层瓦斯涌出量不大于 6 m^3/t 或工作面最高风速不大于 4 m/s 的。

65. 综采放顶煤移架步骤是什么？

采用综采放顶煤开采时应注意以下移架步骤：

1. 放顶煤前要认真检查放煤机构、液压元件、放煤口喷雾装置是否完好，后部过煤空间是否符合要求，发现问题及时汇报并处理。
2. 必须及时清理架间和架后浮煤淤矸，确保移架通畅。
3. 放煤位置和移架位置不得超过作业规程规定要求，不得移架后立即放煤。

4. 移架时，应前后柱同时升起，以免"压死"后柱，并保证有足够的放煤空间；升降架时要将放煤窗口插板、摇板复位。

5. 移架时，应先把后部输送机拉回，在移架过程中要注意避免刮、卡后部输送机造成事故。

6. 放顶煤和移架时必须喷雾灭尘。

7. 放煤结束后，必须把支架尾架升起，将插板伸出，并将放煤阀组打到"零"位，关闭喷雾装置。

66. 推移工作面刮板输送机有哪些安全注意事项？

推移工作面刮板输送机应注意以下安全注意事项：

1. 先检查顶底板及煤帮，确认无危险后，再检查机道有无煤（矸）杂物，若有煤（矸）杂物必须清理干净后，方可进行推移输送机工作。

2. 推移输送机时，必须与采煤机保持 12~15 m 距离，弯曲段不少于 15 m。

3. 可以自上而下、自下而上或由中间向两端推移输送机，不准从两端往中间推移，否则容易使输送机在会合处形成凸起现象。当工作面倾角较大、底板光滑、自上而下推移时，输送机容易下滑，应采用自下而上的推移方法。

4. 除输送机机头、机尾可停机推移外；机身要在运行中推移，否则输送机底端容易塞堵浮煤碎矸。

5. 推移千斤顶必须与输送机连接使用，以防顶坏溜柱一侧的管线。

6. 移动输送机机头、机尾时，要有专人（班组长）指挥，专人操作，统一行动。若使用回柱绞车或顺柱刮板输送机牵引，必须按有关操作规程执行。

7. 移设后的输送机要做到：平、直、稳。

8. 最后将各操作手把扳到"零"位。

67. 顶板事故有哪些特点？

顶板事故是指在井下建设和生产过程中，因为顶板意外冒落造成的人员伤亡、设备损坏和生产中断等事故。任何一个井下作业人员每时每刻都在和顶板打交道，疏忽了就要挨砸。

顶板事故是煤矿五大自然灾害之一。它的特点是：占全国煤矿事故总起数的比例和总死亡人数的比例最高；在特大事故中所占比例较小和一次死亡人数较少。据统计，2007 年全国煤矿顶板事故起数占全国煤矿事故总起数的 53.7%；顶板事故死亡人数占死亡总人数的 40.1%。但是，在重大事故中，顶板事故为 0；顶板事故一次死亡平均人数为 1.17 人。

68. 发生顶板事故的原因是什么？

1. 客观原因

（1）采煤过程中因围岩应力重新分布、采煤方法选择不当和巷道布置位置不合理，所需支撑压力大于支护的支撑力，从而造成顶板垮落冒顶事故。

（2）工作面遇到突然出现的地质构造，在正常作业情况之下，因设计时资料不全，也会发生冒顶现象。如采煤工作面出现小断层，工作中没注意分析与观察，采取通常的支护方法往往发生冒顶事故。

2. 主观原因

（1）采掘工作面规格质量低劣

控顶距离掌握不当；柱（棚）距过大；插背太少和支柱（架）歪扭、初撑力小。

（2）违章操作

作业时不坚持敲帮问顶；发现隐患不及时排除；空顶作业；违章放炮；冒险回柱作业和随意砸、碰倒支柱（架）。

（3）管理不善

煤矿生产管理不同于其他行业，井下生产条件随时有所变化，生产管理者不深入现场，不带班作业，不严格按三大规程办事，采掘工序安排不当，盲目开采，违章指挥和安全意识差等，常常会造成事故。

69. 预防冒顶的主要措施有哪些？

煤矿冒顶的原因很多，也很复杂，故预防冒顶的措施也是多方面的。一般来说，主要应采取以下六项措施：

1. 加强采掘工程质量控制，严格执行质量标准。

严禁空顶作业，严禁在浮煤、矸石上架设支架，所有支架都必须迎山有劲；按《作业规程》规定严格控制控顶距，不得加大和缩小；炮眼布置、装药量和一次放炮距离都必须按章操作，防止爆破崩倒支架、崩冒顶板；严禁冒险回柱放顶。

2. 坚持顶板管理制度。

作业时坚持敲帮问顶，掘进工作面使用前探梁；严格执行岗位责任制、质量验收制、现场交接班制和顶板分析制。

3. 不断提高安全操作技能。

要按照《作业规程》的要求和操作规程的规定进行作业。严禁违章指挥、违章作业，不断提高全体作业人员的操作技能。

4. 充分掌握顶板压力分布的规律。

根据顶板压力分布的规律科学地选择采煤方法、合理地布置巷道位置和确定支架形式，并进行顶板来压的预测预报，做好顶板安全的基础性工作。

5. 特殊条件下要采取有针对性的安全技术措施。

采掘工作面遇到托伪顶、过断层、过老巷及地质破碎带等情况时，必须采取有针对性的爆破、支护和回柱放顶等措施，确保安全通过。

6. 加强巷道维修。

要根据矿压显现情况，合理安排巷道维修人员，建立巷道维修制度，确保矿井巷道失修率不超过规定，采掘生产巷道畅通无阻。

70. 发生冒顶有哪些预兆？

发生冒顶主要有以下十种预兆，但有时并不全部出现而仅出现部分预兆现象。

1. 响声

顶板压力急剧增大时，支架或支柱下缩发出很大声响，有时还会出现顶板发生断裂的闷雷声（即煤炮、板炮）。

2. 掉碴

顶板严重破裂时，出现顶板掉碴现象，掉碴越多，说明顶板压力越大。

3. 片帮

冒顶前，煤壁所承受的支撑压力增加，煤变松软，片帮煤比平时增多，甚至还有煤的压出和突出。

4. 裂隙

冒顶到来之前，会出现新的裂隙或使原有裂缝加宽、加深。

5. 漏顶

破碎的伪顶或直接顶，在大面积冒落以前，有时会因背顶不严或支架不牢出现漏顶现象。漏顶后，支架棚梁托空，支架松动，当岩石继续冒落时，就会出现大面积冒顶事故。

6. 脱层

顶板将要冒落时，往往出现顶板脱层现象，采用敲帮问顶法不容易发现，当基本顶冒落时，则将发生没有预兆的大面积冒顶或切顶。

7. 淋水

有淋水的顶板，淋水量明显增加；甚至有的原本不淋水的顶板也出现淋水现象。

8. 漏液

顶板来压时发生下沉，使支架载荷迅速上升，单体液压支柱和自移式液压支架安全阀出现自动漏液现象。

9. 变形

由于顶板压力加剧对支架的作用，支架出现歪扭变形现象，甚至难以控制顶板,会立即冒顶。

10. 瓦斯

冒顶时有时瓦斯涌出量会突然增加。

71. 预防掘进工作面迎头冒顶事故有哪些措施?

掘进工作面迎头支架架设时间短,未压上劲,容易被放炮崩倒;人员作业经常在空顶条件下进行;同时受到地质构造变化影响,所以掘进迎头冒顶事故较多。预防掘进工作面迎头冒顶事故主要有以下措施:

1. 根据掘进工作面顶板岩石性质,严格控制控顶距,坚持使用超前支护。

2. 严格执行敲帮问顶。

3. 在地质破碎带或层理裂隙发育区等压力较大处要缩小棚距。

4. 合理布置炮眼和装药量,以防崩倒支架或崩冒顶板。

5. 在掘进迎头往后 10 m 范围内采用金属拉杆或木拉条把棚子连成一体,必要时还须打中柱以抵抗顶板突然来压和放炮冲击。

72. 预防巷道交叉处冒顶事故有哪些措施?

巷道交叉处空顶面积大,支护复杂,是预防巷道冒顶的重点部位。预防巷道交叉处冒顶事故主要有以下措施:

1. 开岔口应尽量避开原来巷道冒顶范围、废弃巷道和硐室。

2. 必须在开口抬棚支设稳定后,再拆除原巷道支架棚腿。

3. 抬棚材料要选用合格的质量与规格，保证其强度。

4. 当开口处围岩尖角被压坏时，应及时采取加强抬棚稳定性措施。

5. 抬棚上顶空洞必须堵塞严实，空洞高度较大时必须码木垛接顶。在码木垛时，作业人员应站在安全地点，并设专人观察顶板。

73. 采煤安全操作有哪些注意事项？

采煤安全操作应遵守以下注意事项：

1. 操作前首先要检查顶板和支架；进行敲帮问顶，处理浮石危岩；严禁空顶作业。

2. 使用煤电钻打眼时要注意输送机的运转情况，防止后方拉出的材料、大块煤（矸）伤人；电钻电缆不准放在输送机上。

3. 打眼与装药不准在同一地点平行作业。

4. 装煤时要随时注意顶板和煤帮，防止掉矸或片帮砸人；不要将柱底掏空，以免倒柱砸人或引起冒顶。

5. 装煤时发现瞎炮、丢炮不能用镐刨或用手拽雷管脚线，以防发生意外爆炸；拣到炸药雷管要及时交给爆破工。

6. 刮板输送机严禁乘人，用来运送材料时要防止顶人和碰倒支柱；移动输送机时必须有防止冒顶、顶伤人员和损坏设备的措施；机头、机尾的压柱要打牢靠。

7. 支柱要迎山有劲，严禁退山；不准提前撤回基本柱；对歪、倒支柱要及时处理；支柱不得打在浮煤（矸）上，如果底软，要"穿鞋"。

8. 回柱放顶要做到：顶板没维护好、浮煤不清扫、支柱不完整、超前特殊支架未打齐、回柱绞车不稳固、钢丝绳道不畅通时，不准放顶。

9. 人员在采煤机反向时要离开牵引钢丝绳或大链，以免其弹起伤人；割煤时要远离滚筒，以防煤（矸）割落时伤人。

10. 在任何情况下，严禁人员进入采空区内。

74. 根据力学原因不同冒顶事故划分为几类？

根据力学原因不同可将冒顶事故划分为以下三类：

1. 坚硬顶板压垮型冒顶

坚硬顶板压垮型冒顶指的是，采空区内大面积悬露的坚硬顶板在短时间内突然塌落，将工作面压垮而造成的大型顶板事故。

◎**真实案例**

1999年6月29日11:00，山西省吕梁地区古家岭煤矿西11采煤工作面，由于回采以来一直未进行回柱放顶，最大控顶距达十几米。在组织回柱时，顶板第二次发出巨响，并剧烈下沉，发生冒落矸石、煤壁片帮现象。工作面冒顶范围长25 m、宽10～15 m、高5～10 m。将向煤壁和回风平巷口方向逃离的10名工人埋压致死，1人虽被矸石压倒围住，但未压紧，奋力将矸石、煤块扛开，最后脱险。

2. 破碎顶板漏垮型冒顶

破碎顶板漏垮型冒顶指的是，在采煤工作面某个地点由于支护失效而发生局部漏冒，破碎顶板就有可能从该处开始沿工作面往上全部漏完，造成支架失稳，导致漏垮型冒顶事故。

◎真实案例

1998年1月18日12:50，河南省平顶山市香山煤矿丁$_6$采煤工作面存在顶板破碎和支架不稳等重大隐患时，违章放炮，造成工作面局部冒顶，使上部丁$_5$采煤工作面采空区大量矸石沿急倾斜（42°～48°）工作面迅速冒落，导致丁$_6$工作面上部空顶，支架受力不均被急剧下落的矸石摧垮，将丁$_6$工作面上部躲炮的11名工人全部压埋致死，1名工人急速跑到距上风巷口2 m处，被强风吹倒后，爬着前行脱险。

3. 复合顶板摧垮型冒顶

复合顶板摧垮型冒顶指的是，在工作面开采过程中，由于复合顶板的下部软岩下沉，与上部硬岩离层，支架处于失稳状态。一旦遇有外力作用，工作面支架因水平方向的推力而发生倾倒，造成摧垮型冒顶事故。

◎真实案例

1988年11月3日8:20，安徽省淮南矿务局新庄孜矿5104采煤工作面在回柱放顶时，违反操作规程，在工作面中上部剩有51根支柱未回的情况下，上下同时回柱，造成复合顶板压力集中，致使在回撤留下的支柱时发生冒顶，造成3人死亡、1人重伤、1人轻伤。

75. 坚硬难冒顶板有哪些预防冒顶的措施？

坚硬难冒顶板是指直接顶岩层比较完整、坚硬（固），回柱放顶后不能立即垮落的顶板。坚硬难冒顶板容易发生压垮型冒顶事故。预防坚硬难冒顶板冒顶主要有以下措施：

1. 提前强制爆落顶板

（1）地面深孔爆破放顶。

在悬顶区上方相对应的地面打钻至采空区顶板，然后进行扩孔和大药量爆破崩落顶板。

（2）刀柱采空区强制放顶。

在刀柱一侧向采空区顶板打垂直于工作面的深孔，进行爆破放顶。

（3）垂直于工作面钻孔强制放顶。

在工作面垂直于工作面方向向采空区顶板钻眼爆破。

（4）平行于工作面长钻孔强制放顶。

在工作面前方未采动煤层上方顶板打平行于工作面的长钻孔，煤层开采后在采空区装药爆破，或者在煤层采动前爆破。

2. 灌注压力水处理坚硬难冒顶板

通过钻孔向顶板灌注压力水，能有效地软化和压裂顶板，提高放顶效果。

注水方法有超前工作面预注水、分层注水、采空区注水、超过工作面应力集中区注水等方法。

◎真实案例

1998年8月24日4:30，山西省长治市沁新煤焦股份有限公司1207采煤工作面发生一起压垮型冒顶事故，死亡12人，受伤3人。

该工作面煤层基本无伪顶，直接顶为块状、坚硬、裂隙不发育的中砂岩，一般厚度3~5 m。煤层厚度1.8~2.2 m。8月10日，工作面三角形采空区最大悬顶距离达9 m，采用爆破强制放顶，顶板仍未完全垮落，形成一道宽 2 m 的人工放顶线。8 月 24 日 4：30 进行采煤作业时，工作面中部突然大面积冒顶，造成 15 名作业人员遇难。

76. 破碎顶板有哪些预防冒顶的措施？

破碎顶板是指岩层的强度低、节理裂隙十分发育、整体性差、自稳能力低，并在工作面控顶区范围内维护困难的顶板。预防破碎顶板冒顶主要有以下措施：

破碎顶板容易发生漏垮型冒顶事故。

预防破碎顶板冒顶的措施是减小顶板暴露面积和缩短顶板暴露时间。

1. 使用单体支柱时

（1）及时挂梁或探板，及时打柱；顶板用小板或笆棍插严背实。

（2）在机组割煤工作面采用"追机"支架的作业形式，以利于及时挂梁、移溜和支护。

（3）如果煤壁松软，必须全部用木料处理严实。

（4）采用少装药，每次同时放炮数少，尽量减小放炮对顶板的振动破坏。同时，放炮、回柱和割煤三大工序要相互错开 15 m 距离，以减小它们对顶板的叠加影响。

（5）若顶板极度破碎，采用正常支护方式无法控制顶板时，应使用尖枪掏梁窝或打撞楔方法。

2. 使用综采时

（1）在机组割后及时伸出伸缩梁控制顶板，并将护帮装置伸出控制煤帮。

（2）采用超前移架、带压移架的方法。

（3）若顶板极度破碎，应采用架设临时木托梁、木垛支护顶板，或者在顶梁上铺网护顶。

◎ **真实案例**

2007年5月30日19:50，宁夏回族自治区金贺兰煤业有限责任公司采煤三队11062炮采工作面由于顶板破碎，发生片帮漏顶，采用将漏下的煤矸拉空的方法进行维护处理，造成支护上方漏空，支护失去稳定性，导致20架支护发生冒顶，死亡2人。

77. 复合顶板有哪些预防冒顶的措施？

复合顶板是指煤层的顶板由厚度为0.5~2.0 m的下部软岩及上部硬岩组成，并且它们之间有煤线或落层软弱岩层。复合顶板容易发生摧垮型冒顶事故。预防复合顶板冒顶主要有以下措施：

1. 严禁仰斜开采

采煤工作面应使下端稍落后于上端推进，形成伪俯斜开采，即使顶板下部软岩已经离层、断裂，也不会出现冒落，有效地防止摧垮型冒顶。

2. 运输平巷严禁挑顶掘进

运输平巷是采煤工作面刮板输送机下端头位置，空顶面积大，机头支架反复支撑，复合顶板反复松动，加剧了顶板的离层，如果运输平巷挑顶掘进，使离层断裂的顶板失去了阻力，从而发生冒顶事故。

3. 尽量避免回风平巷、运输平巷与工作面推进方向呈锐角相交。

4. 初采时不要反向推进。

5. 提高支架的稳定性,把采煤工作面支架连成"整体支架",或者使用戗柱、斜撑抬板,阻止离层断裂岩块向下滑移发生冒顶。

◎**真实案例**

1985年8月3日14:05,贵州省林东矿务局郭家冲矿二号♯2233采煤工作面,发生一起催垮型冒顶事故,死亡7人,该工作面平均煤厚2 m,倾角8°~12°,直接顶为燧石灰岩,厚度为7~12 m,底板为砂质页岩。

事故当班该工作面正在推过一条老巷,再加上推进速度慢,给顶板离层创造了条件。冒顶发生时顶板压力不明显,没有明显征兆,来势猛,速度快,冒顶范围大(长18 m×宽7.2 m×高6 m),支柱均往煤壁方向倾倒,无折损。

78. 巷道维修和处理冒顶的一般原则是什么?

在巷道维修和处理冒顶时应遵循如下的一般原则:

1. 先外后里

先检查冒落带以外5 m范围内支架的完整性,有问题先处理好。如果一般范围巷道冒顶,要坚持先处理外面的,再逐渐向里处理,确保操作人员后路畅通。

2. 先支后拆

更换巷道支架时,先打临时支护或架设新支架,再拆除原有支架，以避免巷道因无支架而发生冒顶。

3. 先上后下

处理倾斜巷道冒顶事故时，应该由上端向下端依次进行，以防矸石、物料滚落和支架歪倒砸人。

4. 先近后远

一条巷道内多处冒顶时，必须坚持先处理离安全出口较近的一处，再处理离安全出口较远的一处，以防再次冒顶堵住通道。

5. 先顶后帮

在处理顺序上，必须注意先维护、支撑住顶板，再维护好两帮，确保操作人员安全。

◎真实案例

1990年8月22日2:20，山东省新泰市小港煤矿5201采面第三条带新开门处，由于新开门处选在坡度大（38°）、上下有断层的地点，现场支护质量低劣，造成压力大，支架稳定性差。在当班4名工人进行维修处理时，没有观察好顶板，没有对掉落的棚梁采取临时支护，现场作业人员站立位置不当，两递料人员均站在架棚下方，煤壁突然发生片帮，推倒新开门处上下六架棚，顶板冒落埋住4人，经抢救，1人重伤，3人死亡。

79. 处理冒顶有哪几种方案？

根据冒顶的具体条件，处理冒顶有以下三种方案：

1. 全断面处理法

全断面处理法即整巷法或一次成巷法。

全断面处理法指的是，沿冒顶范围的两端由外向里，一次架设的新棚子与原棚子断面基本一致。它的优点是可避免多次松动原已破碎的顶板，缺点是进度较慢。当冒顶范围不大、垮落矸石块较小时，可采取全断面处理法。

2. 小断面处理法

小断面处理法指的是，如果顶板冒落的矸石非常破碎，采取全断面处理方案不易通过时，可沿煤壁在下部先掘出一条小巷，以此作为临时通风、运输和行人之用，然后再扩大为原断面永久支架。它的优点是处理冒顶进度快，缺点是需要二次支护。

3. 绕道处理法

在冒顶范围很大、冒落高度很大和顶板岩石极不稳定的条件下，采用全断面处理法和小断面处理法相当困难、危险时，可采用开补绕道，然后由绕道向冒落带进行处理的方法。

80. 冒顶处理有哪些特殊施工方法？

冒顶处理要根据冒顶范围、冒落高度、顶板岩性和当时当地的采掘设备等因素而确定最佳施工方法。一般来说冒顶处理有以下四种特殊施工方法：

1. 撞楔法

当冒落范围内仍在冒落顶板岩石，或者一动顶板碎矸就止不住地往下流时，应该采取撞楔法。撞楔法是将预先制定的楔棍（铁或木）用力撞进冒落的碎矸中，抢救人员在撞楔保护下清除煤矸等物，然后进行支架。

2. 探板法

当冒顶范围不大，顶板没有冒落且矸石暂时停止下落时，可采用探板法。这时先观察顶板,加固冒落带附近的支架,然后探木板,木板上方的空隙要背严,在木板保护下清除煤矸等物。

3. 木垛法

当冒落高度较大,原支架基本完整,冒落范围内顶板比较稳定且不再继续冒落矸石时,可采用木垛法。这时在原支架上方码放木料,直至接顶。码木垛时要注意顶要接实背好,防止掉矸,并抵住冒落区周边,以防止片帮掉矸。

4. 搭凉棚法

当冒顶高度不大,顶板岩石不再继续冒落,冒顶范围又不大时,可采用搭凉棚法。这时用5~8根长木料搭在冒落区两端完好的区域。

81. 发生冒顶时有哪些自救互救方法?

当冒顶发生时掌握以下自救互救方法非常必要:

采掘工作面出现冒顶预兆,而当时又难以采取措施防止冒顶事故发生,最好的方法就是迅速离开危险区,撤退到安全地点,特别是没有处理顶板冒落经验的作业人员更应如此。情况危急时,危险区的作业人员可躲在附近的木垛下方或靠煤壁站立,待顶板稳定后再撤至其他安全地点。

当被顶板冒落矸石埋压时,要立即向外部发出求救信号,特别被矸石埋压看不见人时,只要能呼叫和行动,就应发出有规律、不间断的信号,但要注意千万不要敲击对自己安全有威胁的物料、矸石。被埋压人员要注意配合外部人员的营救工作。不允许采用猛烈挣扎的方法企图脱险,要注意保护头部,保持鼻、口的畅通。

当作业人员被冒顶矸石堵住无法逃出时,应维护加固附近的支架,特别是冒顶边缘的支架,以防冒顶范围继续扩大,威胁被堵人员生命安全。千万注意不能冒险越过冒顶区企图逃生。被堵范围氧含量下降、有毒有害气体增加时,应及时佩戴好自救器。若被堵巷道铺设有压风管,应打开阀门给被堵巷道空间输送新鲜空气,并稀释瓦斯和其他有毒有害气体,但要注意保暖。有条件时,应利用现场材料采取积极自救的方法,组织人员疏通脱险通道,实现自行安全脱险,或者配合外部的营救工作,为提前脱险创造条件。

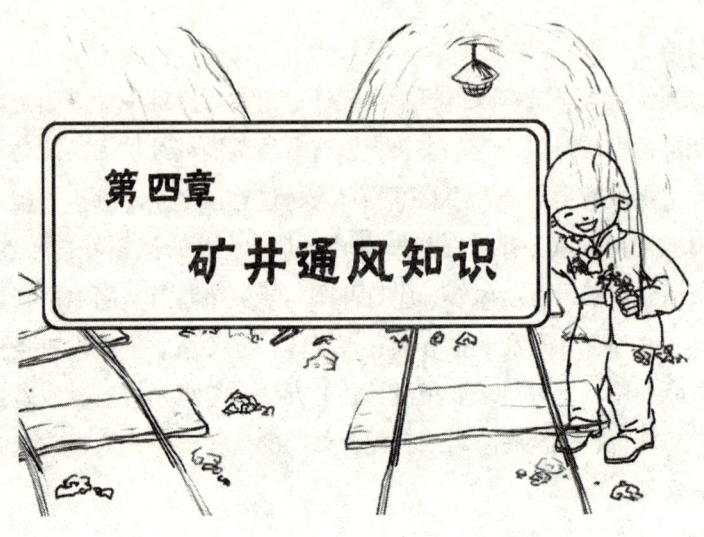

第四章 矿井通风知识

82. 矿井通风的作用和基本任务是什么?

1. 矿井通风的作用

煤矿井下开采存在着瓦斯及其他有害气体,存在着瓦斯煤尘爆炸、外因火灾和煤炭自燃等危险,严重地制约着煤矿安全生产。"一通三防"指的是加强矿井通风、防治瓦斯、防治煤尘、防治火灾。

搞好"一通三防"工作,是煤矿安全工作的重中之重,也是杜绝重大事故,实现煤矿安全状况根本好转的关键。为了创造良好的煤矿生产作业环境,对瓦斯、煤尘和火灾实现切实可行的防治,最经济、最基础的解决方法就是搞好矿井通风工作。

2. 矿井通风的基本任务

(1) 将足够的新鲜空气送到井下，供给井下人员呼吸所需要的氧气。

(2) 将冲淡有害气体和矿尘后的空气排出地面，以保证井下空气质量并将矿尘浓度限制在规定的安全浓度以下。

(3) 新鲜空气送到井下后，调节井下工作地点的气候条件，保证井下满足规定的风速、温度和湿度，创造良好的作业环境。

83. 氧气（O_2）的性质是什么？对人体健康有哪些作用？

氧气是一种无色、无味、无臭的气体，相对密度为1.11。氧气的化学性质很活泼，能与大多数元素起氧化反应。氧气能够帮助燃烧和供人、动物呼吸，是空气中不可缺少的气体。

人体维持正常生命过程的需氧量，取决于人的体质、精神状态和劳动强度等因素。一般来说，人在休息时平均需氧量为 0.25 L/min；工作和行走时平均需氧量为 1～3 L/min。

空气中氧气浓度对人体的健康有很大影响。空气中氧气减少，人的呼吸就会感到困难，严重时会因缺氧而死亡。当空气中氧气浓度下降到17%时，人在静止状态下尚无影响，如果从事强度较大的活动或劳动就会感到呼吸困难和心跳加快，引起喘息；当空气中氧气浓度下降到15%时，人就会失去劳动能力，不能从事劳动活动；当氧气浓度下降到10%～12%时，人就会神志不清，如果时间稍长就会对生命构成威胁；当氧气浓度下降到6%～9%时，人则会失去知觉，如果不及时进行抢救就会造成死亡。

《煤矿安全规程》中规定：采掘工作面的进风流中，氧气浓度不低于20%。

84. 氮气（N_2）和二氧化碳（CO_2）的性质是什么？对人体健康有哪些影响？

1. 氮气（N_2）

氮气是无色、无味、无臭的惰性气体。不助燃，也不能供人呼吸。氮气的相对密度为0.97。在一般情况下，氮气占空气体积的79%。氮气本身对人体健康无害，但当空气中氮气含量过多时，就会使氧气的浓度相对减少，使人缺氧而窒息。

2. 二氧化碳（CO_2）

二氧化碳是无色、略带酸味的气体。易溶于水。不助燃，也不能供人呼吸。二氧化碳的相对密度为1.52，多积存在通风不良的巷道底部、下山等低矮地方，对人的眼、鼻、口腔黏膜有一定的刺激作用。

二氧化碳对人体健康影响较大，微量二氧化碳能促使人的呼吸加快，呼吸量增加。当二氧化碳浓度为1%时，人的呼吸变得急促；当增至5%时呼吸困难，伴有耳鸣和血液流动加快的感觉；当增至10%～20%时，呼吸将处于停顿并失去知觉，时间稍长就会有生命危险；当高达20%～25%时，人将中毒死亡。

《煤矿安全规程》中规定，采掘工作面进风流中，二氧化碳浓度不得超过0.5%。矿井总回风巷或一翼回风巷中二氧化碳浓度超过0.75%时，必须立即查明原因，进行处理。

85. 一氧化碳（CO）的性质是什么？对人体健康有哪些影响？

一氧化碳是无色、无味、无臭的气体，相对密度为 0.97，微溶于水。在正常的温度和压力条件下，化学性质不活泼。当空气中一氧化碳浓度达到 13%～75% 时，能引起燃烧和爆炸。

一氧化碳毒性很强，它对人体血色素的亲和力比氧气大 250～300 倍，当空气中一氧化碳浓度达到 0.4% 时，吸入人体内的一氧化碳会很快地与血色素结合，阻碍氧气与血色素的正常结合，导致血色素吸氧能力降低，使人体各部组织和细胞产生缺氧，引起中毒、窒息而死亡。

一氧化碳中毒的明显特点是人的嘴唇呈桃红色，两颊有斑点。

煤矿井下一氧化碳的来源主要有瓦斯、煤尘爆炸和火灾。当瓦斯爆炸发生后，空气中一氧化碳浓度高达 2%～4%；当煤尘爆炸发生后，空气中一氧化碳浓度一般为 2%～3%，个别可高达 8%；当发生煤炭自燃和火灾事故时，空气中一氧化碳浓度上升很快。由于一氧化碳浓度过高，造成瓦斯、煤尘爆炸和火灾事故中人员大量伤亡。

《煤矿安全规程》中规定，矿井空气中一氧化碳的最高允许浓度为 0.0024%。

◎ **真实案例**

2009 年 3 月 9 日 22:30，内蒙古自治区鄂尔多斯市准格尔旗聚能煤炭有限责任公司路鑫聚煤矿井下发生一氧化碳气体中毒事故，造成6人死亡，3人受伤。

86. 硫化氢（H_2S）等有毒有害气体的性质是什么？对人体健康有哪些影响？

1. 硫化氢（H_2S）

硫化氢是一种无色、微甜、有臭鸡蛋味的气体，易溶于水，遇火后能燃烧和爆炸；硫化氢极毒，它能使血液中毒，对眼睛及呼吸系统的黏膜有强烈的刺激作用。

2. 二氧化硫（SO_2）

二氧化硫是一种无色、有强烈硫黄味和酸味的气体，与呼吸器官潮湿表皮接触能产生硫酸，刺激并麻痹上部呼吸器官的细胞组织，使肺和支气管发炎。

3. 二氧化氮（NO_2）

二氧化氮为红褐色，易溶于水，是剧毒气体，对人的眼睛和呼吸器官有强烈刺激作用。

4. 氨气（NH_3）

氨气是一种无色、具有强烈刺激臭味的气体，易溶于水，是剧毒气体。氨气对呼吸器官黏膜有较大刺激作用，引起咳嗽，使人流泪、头晕，严重时可导致肺水肿，同时还会刺激皮肤和严重损伤眼睛。

5. 氢气（H_2）

氢气是一种无色、无味的气体，具有可燃性和爆炸性。浓度达7%～74%时均可引起爆炸，其发火点为300℃，电火花即可引爆，与氧混合时爆炸危害性更大。

87. 矿井气候条件包括哪些因素？

矿井气候条件是井下温度、湿度和风速三者的综合作用结果。人不论在休息或工作时，身体不断地产生热量和散失热量，保持身体热平衡，使体温保持在 36.5～37.0℃。如果失去这种平衡，人体就会感到不舒服。这种热平衡受井下气候条件的影响，气候条件的好坏对人体健康和劳动生产率的提高有着重要影响。

1. 空气的温度

矿井空气的温度是影响井下气候条件的主要因素，温度过高或过低，对人体均有不良影响。最适宜的井下空气温度是 15～20℃。

《煤矿安全规程》规定：生产矿井采掘工作面的空气温度不得超过 26℃，机电设备硐室的空气温度不得超过 30℃。

2. 空气的湿度

空气的湿度是指空气中含水蒸气的数量。表示湿度的方法有两种。

（1）绝对湿度：绝对湿度是指每 1 m^3 或每 1 kg 空气中所含水蒸气的克数。

（2）相对湿度：相对湿度是指某一体积空气中实际含有的水蒸气量与同温度同体积下饱和水蒸气量之比的百分数。

3. 风速

井巷和采掘工作面的风速过低或过高都不利。风速过低了，汗水不易蒸发，人体多余热量不易散失掉，人就会感到闷热不舒服，同时还会积聚瓦斯和矿尘；风速过高了，容易使人感冒，矿尘飞扬，对矿井安全生产和工人身体健康都不好。

《煤矿安全规程》规定了不同用途井巷的最低和最高风速要求，如有人通行的井巷风速不得超过 8 m/s。

88. 矿井通风方式有哪些?

按照矿井进、回风井布置形式不同，矿井通风方式分为三种基本类型。

1. 中央式

中央式是指进风井和回风井大致位于井田走向中央。中央式又可分为以下两种形式：

(1) 中央并列式：进回风井位于沿煤层倾斜方向中央位置的工业广场内。两井井底标高一致。如图 4—1 所示。

(2) 中央边界式：回风井位于沿煤层倾斜方向的上部边界，回风井底高于进风井底。如图 4—2 所示。

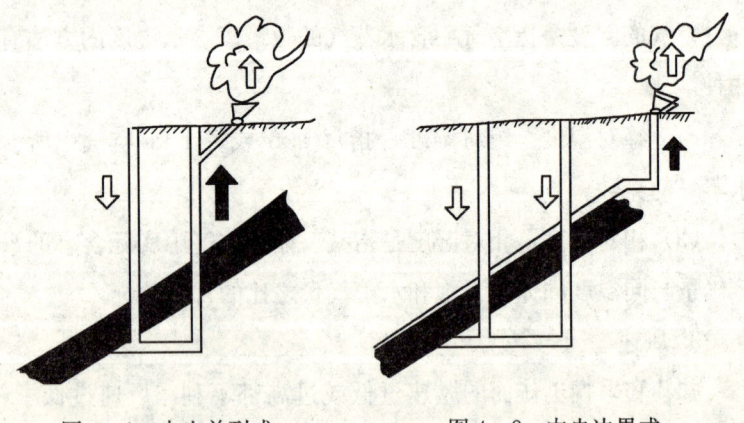

图 4—1 中央并列式   图 4—2 中央边界式

2. 对角式

对角式是指进风井位于井田中央，回风井分别位于井田浅部走向的两翼。对角式又可分为以下两种形式：

（1）两翼对角式：回风井位于井田浅部走向两翼边界采区的中央。

（2）分区对角式：沿采掘总回风巷每个采区开掘一个小回风井。

3. 混合式

混合式是大型矿井或老矿井进行深部开采时常用的一种通风方式。一般进风井和回风井由三个及以上井筒或斜井按上述各种方式组合而成，如中央并列与两翼对角混合式。如图4—3所示。

图4—3 混合式

89. 什么叫矿井等积孔？它在矿井通风管理中有什么用途？

假定在无限空间有一薄壁，在薄壁上开一面积为 A（m^2）的孔口。当孔口通过的风量等于矿井风量,而且孔口两侧的风压差等于矿井通风阻力时,则孔口面积 A 称为该矿井的等积孔。

$$A = \frac{1.19}{\sqrt{R_m}}$$

式中　R_m——矿井总风阻。

由上式可知,A 是 R_m 的函数,R_m 越大,即矿井通风越困难,得出 A 越小,故 A 可以表示矿井通风的难易程度。我国常用矿井等积孔作为衡量矿井通风难易程度的指标。

矿井通风难易程度分级如下:

等积孔(A)＞2 m²,矿井通风难易程度:容易。

等积孔(A)1～2 m²,矿井通风难易程度:中等。

等积孔(A)＜1 m²,矿井通风难易程度:困难。

但是,用矿井等积孔来衡量矿井通风难易程度仍存在着一些问题。例如,井巷中如发生严重漏风或风流短路等情况,则会出现通风状况虽差而等积孔却相当大的现象;另外,由于现代的矿井规模、开采方法、机械化程度和通风机能力等有很大的发展和提高,对小型矿井通风状况还有一定的参考价值,对大型矿井或多风机通风系统的矿井,衡量通风难易程度的指标还有待研究。所以,矿井等积孔这一概念只能作衡量通风难易程度时参考使用。

90. 什么叫机械通风?矿井为什么必须实行机械通风?

机械通风是相对自然通风而言的,即矿井通风压力是由通风机形成的。

由于自然风压主要受进、回风井井口高差和井内外温差的影响,在冬季和夏季、白昼与黑夜其风流方向和风量是不相同的。例如,当地面温度低于井内温度时,地面空气的密度大于井内空气,标高高的井口压力低于标高低的井口压力,自然风压由标高低的井口流入,经井下巷道,从标高高的井口排出。相反,地面温度高于井内温度,自然风压从标高高的井口流入,从标高低的井口排出。瓦斯事故往往发生在气温变化、风流不稳定(风向不确定、风量不固定),使瓦斯浓度增加到爆炸界限的时候。所以,《煤矿安全规程》中规定,矿井必须采用机械通风,而且必须保证主要通风机连续运转。

91. 什么是主要通风机?矿井主要通风机有哪两种通风方法?各有哪些优缺点?

向全矿井(一翼)或1个分区供风的、安装在地面的通风机叫做主要通风机。

矿井主要通风机有以下两种通风方法:

1. 压入式通风

矿井主要通风机安装在矿井进风井口,向矿井内压入新鲜空气。

压入式通风优缺点:

(1) 能用一部分回风将相邻贯通的小煤窑塌陷区内的有害气体压到地面。

(2) 由于井下风流处于正压状态,当主要通风机因故停止运转时,井下风流压力降低,有可能使采空区瓦斯涌出量增大。

(3) 进风网络漏风多,管理困难,风阻大,风量调节困难。

适用条件：压入式通风适用范围较小，在与本矿贯通的小煤窑地面塌陷严重或井下通达地表裂缝多，地面地形复杂无法在回风井设置主要通风机，以及总回风巷无法连通或维护困难的条件下，也可以采用该法。

2. 抽出式通风

矿井主要通风机安装在矿井回风井口，从矿井内抽出乏风。

抽出式通风优缺点：

（1）由于井下风流处于负压状态，当主要通风机因故停止运转时，井下风流压力升高，可使采空区瓦斯涌出量减少，比较安全。

（2）漏风量少，通风管理较简单。

（3）当相邻矿井或采区相互贯通时，会把相邻矿井或采区积聚的有害气体抽到本矿井下，使矿井有效风量减小。

适用条件：抽出式通风是目前我国煤矿广泛采用的通风方式，特别适用于高瓦斯矿井和开采范围较大的矿井。

92. 什么叫辅助通风机？《煤矿安全规程》对安设使用辅助通风机有哪些规定？

某分区通风阻力过大、主要通风机不能供给足够风量时，为了增加风量而在该分区使用的通风机叫做辅助通风机。

《煤矿安全规程》规定：

1. 井下安设辅助通风机时，必须供给辅助通风机房新鲜风流。

为了使辅助通风机、电控设备及供电电缆等电气设备处于新鲜风流中运转，有利于设备的维护保养，减轻潮湿空气的锈蚀；同时，有利于预防瓦斯爆炸事故，《煤矿安全规程》中规定，必须供给辅助通风机房新鲜风流，以保证辅助通风机长期连续运转。

2. 在辅助通风机停止运转期间，必须打开绕道风门。

辅助通风机房前后两端巷道有绕道相连，绕道内设置 2 道风门，平时 2 道风门均处于关闭状态。一旦辅助通风机发生故障停止运转时，辅助通风机房内基本上无风流。这样，打开绕道内的 2 道风门，主要通风机仍能经绕道供给原辅助通风机负担供风的区域用风，有利于避免该区域因辅助通风机停止运转而造成风流停滞、瓦斯等有害有毒气体增加的危害。所以，《煤矿安全规程》规定，在辅助通风机停止运转期间，必须打开绕道风门。

93. 为什么矿井必须安装 2 套同等能力的主要通风装置？

只有依靠主要通风装置连续不停的运转，才能满足井下连续不断供风的需要，主要通风机一旦停止运转，井下将出现瓦斯等有害有毒气体含量增加的危险，可能引发瓦斯爆炸事故和熏人现象。安装 2 套主要通风装置，可以 1 套运转，另 1 套备用（保持完好状态），万一运转的主要通风机发生故障停转，备用的主要通风机必须能在 10 min 内开动，保证对井下的正常供风。

至于安装 2 套主要通风机应该同等能力的问题，主要目的是为保证井下稳定、均匀、可靠的供风。如果备用主要通风机能力较低，将不能满足井下用风的需要，如果备用主要通风机能力较高，又会出现经济性不佳的状态。

所以,《煤矿安全规程》中规定:矿井必须安装 2 套同等能力的主要通风装置。

94. 矿井主要通风机停止运转时应采取什么措施?

主要通风机停止运转时,受停风影响的地点,必须立即停止工作,切断电源,工作人员先撤到进风巷道中,由值班矿长迅速决定全矿井是否停止生产,工作人员是否全部撤出。

主要通风机停止运转期间,对由 1 台主要通风机担负全矿通风的矿井,必须打开井口防爆门和有关风门,利用自然风压进行矿井通风,对由多台主要通风机联合通风的矿井,必须正确控制风流,防止风流紊乱。

95. 矿井反风有哪几种方式?

矿井反风的方式,主要有全矿性反风、区域性反风和局部性反风三种方式。

1. 全矿性反风

实现全矿总进、回风井及采区主要进、回风巷的风流全面反风的反风方式,叫做全矿性反风。

当矿井井口附近、井筒、井底车场(包括井底车场主要硐室)和与井底车场直接相通的大巷(如中央石门、运输大巷)发生火灾时,应采用全矿性反风。

全矿性反风主要有以下几种方法:

(1) 设专用反风道反风。

(2) 利用备用通风机作反风道反风。

(3) 采取通风机反转反风。

(4) 调节通风机动叶安装角反风。

目前,大多数煤矿采用反风道反风和通风机反转反风两种方法。

2. 区域性反风

在多进风、多回风井的矿井一翼(或某一独立通风系统)进风大巷中发生火灾时,调节1个或几个主要通风机的反风设施,可实行矿井部分地区内的风流反向的反风方式,叫做区域性反风。

3. 局部性反风

当采区内发生火灾时,矿井主要通风机保持正常运行,通过调整采区内预设风门的开关状态,实现采区内部分巷道风流的反向,把火灾烟流直接引向回风道的反风方式,叫做局部性反风。

96. 采区通风系统主要有哪几种形式?

采区通风系统主要形式有以下两种:

1. 两条通风上(下)山

输送机上(下)山进风,而轨道上(下)山回风;或者轨道上(下)山进风,而输送机上(下)山回风。

2. 三条通风上(下)山

输送机上(下)山和轨道上(下)山进风,另一条是专用回风巷。

97. 采区专用回风巷有什么作用?

采区专用回风巷主要有以下三种作用:

1. 有利于确保通风系统稳定，防止发生通风事故，减小通风管理的难度，提高采区安全生产可靠程度。

2. 有利于有效抑制采空区自然发火，特别适用于综采放顶煤开采工作面。

3. 有利于发生灾变事故时的抢险救灾工作。当发生瓦斯、煤尘爆炸事故和火灾事故时，有毒有害气体可直接进入专用回风巷，可缩小灾区范围，减少人员伤亡。同时，排放瓦斯时安全、简单。

98. 采掘工作面为什么应实行独立通风？

煤矿采掘工作面既是瓦斯、煤尘和火灾等自然灾害发生次数较多的地点，又是作业人员较集中的场所。实行独立通风后，一旦发生灾害事故，其产生的有毒有害气体和高温火焰，直接排到回风巷，不致污染、危害其他采掘工作面，可以限制事故范围扩大和损失加重。

同时，采掘工作面实行独立通风后，各用风地点的风量调节起来也比较方便，使风流更加稳定可靠。

所以，《煤矿安全规程》中规定，采掘工作面应实行独立通风。

◎ 真实案例

2007年12月5日21:15，山西省临汾市洪洞县瑞之源煤业有限公司新窑煤矿由于通风系统混乱，采掘工作面互相串联通风，有的无风，爆破火花引爆瓦斯，煤尘参与爆炸，造成105人死亡。

99. 采煤工作面通风系统有哪几种形式?

采煤工作面通风系统主要由工作面进风平巷、回风平巷和工作面组成,主要有以下四种形式:

1. U形通风系统

U形通风系统又称反向通风系统。如图4—4所示,其系统简单,采空区漏风量小,风流容易管理,巷道施工和维修量小,但在工作面上隅角容易积聚瓦斯。它是目前采煤工作面主要的通风系统形式。

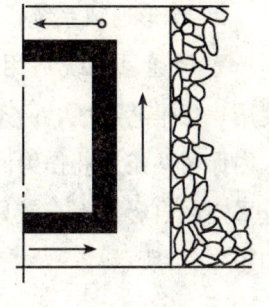

图4—4 U形通风系统

2. Z形通风系统

Z形通风系统又称顺向通风系统。如图4—5所示,其系统简单,并能消除工作面上隅角瓦斯积聚,还能排出一部分采空区瓦斯,但巷道维修量较大,且不利于采空区自然发火的防治。

3. Y形通风系统

Y形通风系统又叫顺风掺新通风系统。如图4—6所示。

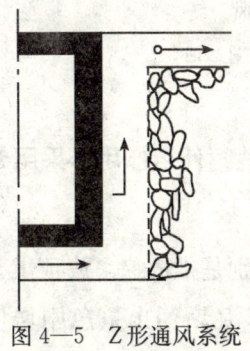

图4—5 Z形通风系统

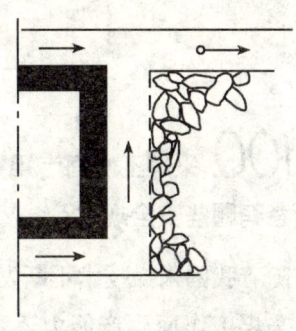

图4—6 Y形通风系统

当工作面瓦斯涌出量大,采用顺向通风系统仍不能降低工作面回风流中的瓦斯浓度时,可在工作面上平巷引进新鲜风流,将回风流中的瓦斯稀释和冲淡,然后排出。它适用于瓦斯含量大的工作面,但巷道维修量大,而且不利于自燃煤层的防火。

4. W形通风系统

W形通风系统适用于双工作面条件,这时开掘三条平巷,使用一条平巷进风,两条平巷回风或者三条平巷都进风,在采空区内保留两条平巷作为回风巷。它对降温、防尘、减少漏风及防止采空区自燃等都有较好的效果,是一种比较理想的通风系统。如图4—7所示。

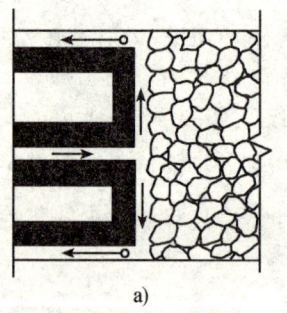 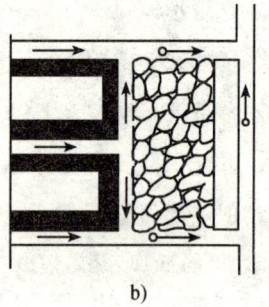

a)   b)

图4—7 W形通风系统
a) 一进二回 b) 三进二回

100. 采煤工作面专用排瓦斯巷有什么作用?采用专用排瓦斯巷有哪些安全规定?

随着我国采煤技术不断发展,特别是推广综采放顶煤开采以来,采煤工作面生产能力逐步加大,瓦斯涌出量急剧增加,但是，采用瓦斯抽放和加大通风能力的方法后，仍然不能有效解决风流中瓦斯浓度超限的要求，所以出现了采用专用排瓦斯巷的新技术。

1. 采煤工作面专用排瓦斯巷的作用

采煤工作面的专用排瓦斯巷是治理瓦斯的有效措施。它的作用主要在以下两个方面：

（1）由于专用排瓦斯巷的瓦斯控制浓度较高，因而能够以较小的风量排出较高浓度的大量瓦斯。

（2）由于专用排瓦斯巷处于采空区位置，能够有效地带走工作面上隅角积存的大量瓦斯。

2. 采用专用排瓦斯巷的安全规定

（1）采用专用排瓦斯巷必须具备以下基本条件：

1）采煤工作面瓦斯涌出量大于或等于 20 m³/min。

2）进、回风巷道净断面积在 8 m² 以上。

3）经抽放瓦斯达到《煤矿瓦斯抽采基本指标》的要求。

4）风流已达允许最高风速后。

5）回风巷风流中瓦斯浓度超过 1.0% 和二氧化碳浓度超过 1.5%。

（2）采用专用排瓦斯巷时，对通风要求做到以下几个方面：

1）工作面风流控制必须可靠。

2）专用排瓦斯巷回风流风速不得低于 0.5 m/s。

3）专用排瓦斯巷必须贯穿整个工作面推进长度且不得留有盲巷。

（3）专用排瓦斯巷回风流的瓦斯浓度不得超过 2.5%。

(4) 专用排瓦斯巷的甲烷断电仪应悬挂在距专用排瓦斯巷回风口 10～15 m 处。

(5) 采用专用排瓦斯巷时，在防灭火方面应做到以下几个方面：

1) 煤层的自燃倾向性为不易自燃和自燃。

2) 专用排瓦斯巷内必须使用不燃性材料进行支护。

3) 专用排瓦斯巷内应有防止产生静电、摩擦和撞击火花的安全措施。

4) 专用排瓦斯巷及其辅助性巷道内不得设置电气设备。

5) 专用排瓦斯巷及其辅助性巷道内不得进行生产作业。进行巷道维修时，瓦斯浓度必须低于 1.0%。

(6) 专用排瓦斯巷的甲烷断电仪，当甲烷浓度达到最高允许浓度（2.5%）时，能发出报警信号并切断工作面电源，工作面必须停止工作，进行处理。

101. 掘进工作面通风系统有哪几种形式？

《煤矿安全规程》规定，掘进巷道必须采用矿井全风压通风或局部通风机通风。

1. 矿井全风压通风

矿井全风压通风具有通风连续可靠、安全性好、管理方便等优点。但仅适用于在通风距离不长的巷道掘进中，或者作为临时通风使用。

利用矿井全风压通风主要有利用纵向风障、风筒和平行巷道三种方法。

2. 局部通风机通风

局部通风机又称局扇,它是利用局部通风机和风筒把新鲜空气送到用风地点,是矿井广泛采用的一种掘进通风方法。

按照局部通风机的工作方法不同,局部通风机通风分为压入式、抽出式和混合式三种,如图4—8所示。

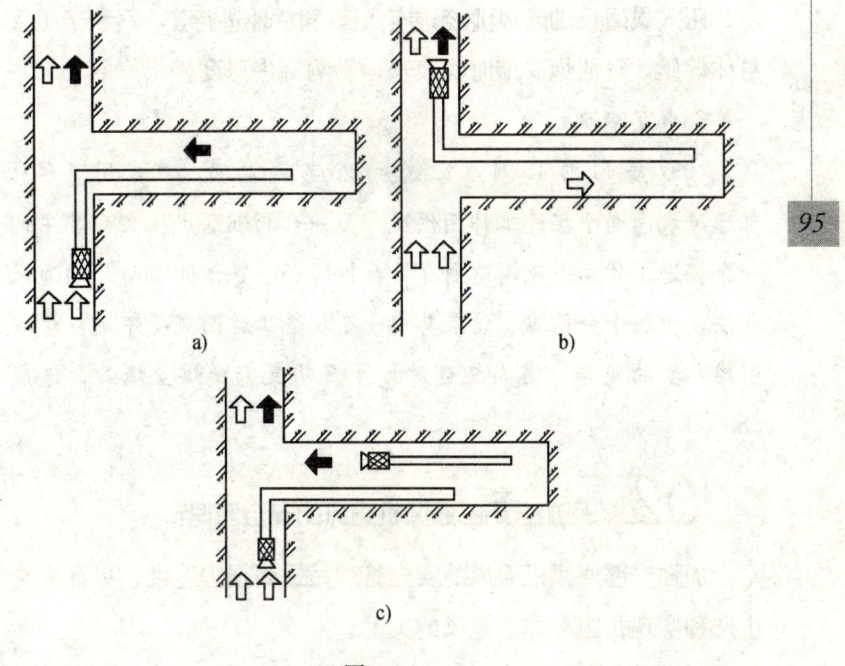

图4—8
a) 压入式 b) 抽出式 c) 混合式

《煤矿安全规程》规定,煤巷、半煤岩巷和有瓦斯涌出的岩巷的掘进通风方式应采用压入式,不得采用抽出式。如果采用混合式,必须制定安全措施。目前,煤矿掘进工作面主要采用压入式通风方式。

用压入式通风时,风流从风筒末端射向工作面,风流有效射程较长,一般可达 7~8 m。因此,容易排出工作面中的乏风和粉尘,通风效果好;局部通风机安设在新鲜风流中,乏风不经过局部通风机,安全性好;既可使用硬质风筒,又可使用柔软风筒,适应性强。

压入式通风的乏风要经过有人工作的掘选巷道,不利于工人身体健康,且放炮躲烟时间较长,影响掘进速度。

◎真实案例

1997 年 11 月 13 日,安徽省淮南矿务局潘三矿采用一台局部通风机向两个掘进工作面供风,另一台局部通风机又向其中的一个掘进工作面供风,这种"1 台供 2 面、2 台供 1 面"的通风方法,管理十分困难。结果其中一个掘进工作面风量不足,爆破引燃积聚的瓦斯,继而又连续发生 7 次瓦斯、煤尘爆炸,造成 88 人死亡。

102. 如何加强局部通风机通风的安全管理?

加强局部通风机通风的安全管理是提高掘进速度、保证安全生产和实现长距离掘进通风的关键。

1. 局部通风机必须由专人负责看管,严禁任何人随意停开。

2. 局部通风机必须安设在进风巷道中,距巷道回风口不得小于 10 m,以免发生循环风。

3. 风筒无破口,吊挂平、直、稳,拐弯或变径要使用过渡节,到工作面迎头距离要符合《作业规程》规定。

4. 局部通风机应与采煤工作面分开供电或安装选择性漏电保护装置。高突矿井局部通风机应采用专用变压器、专用开关、专用线路供电。

5. 严禁使用 3 台以上（含 3 台）的局部通风机同时向 1 个掘进工作面供风。不得使用 1 台局部通风机同时向 2 个作业的掘进工作面供风。

6. 局部通风机必须实行风电闭锁，停风后，立即切断全部非本质安全型电气设备的电源。

7. 风筒应采用抗静电、阻燃风筒。

103. 局部通风机为什么必须实行风电闭锁？

局部通风机的风电闭锁指的是，局部通风机停止运转时，能立即自动切断局部通风机供风巷道中的一切电气设备的电源，并且在局部通风机未启动通风前，不能接通巷道中的一切电源。

当局部通风机因故停风后，掘进巷道的瓦斯得不到有效的冲淡和排除，常造成瓦斯积聚浓度超限；同时，非本质安全型电气设备，如果管理不善，容易产生电火花。电火花与达爆炸浓度的瓦斯相结合后，即发生瓦斯爆炸事故。如果停风后，能够切实不能接通电源，就减少了产生电火花的危险。同时停电后，工人不能在掘进巷道进行作业，也减少了其他火源的产生和控制现场无风作业。所以，实行风电闭锁，是预防瓦斯爆炸的一项重要举措。

《煤矿安全规程》中规定，使用局部通风机供风的地点必须实行风电闭锁。

《煤矿安全规程》中规定，使用 2 台局部通风机供风的，2 台局部通风机都必须同时实现风电闭锁。

104. 高突矿井掘进工作面的局部通风机安全供电有什么规定要求?

《煤矿安全规程》规定,瓦斯喷出区域、高瓦斯矿井、煤(岩)与瓦斯(二氧化碳)突出矿井中,掘进工作面的局部通风机应采用三专(专用变压器、专用开关、专用线路)供电;也可采用装有选择性漏电保护装置的供电线路供电,但每天应有专人检查1次,保证局部通风机可靠运转。

105. 为什么不得使用1台局部通风机同时向2个作业的掘进工作面供风?

由于以下原因,使用1台局部通风机向2个作业的掘进工作面供风,不能或很难做到同时满足2个掘进工作面各自的风量要求。

这时,1台局部通风机需要接出2条长度不同的并联风筒。风筒长者阻力大,风量小;风筒短者阻力小,风量大。而风筒长者,正是掘进距离较长,更需要较大的风量,造成风量不能满足要求;而掘进距离较短的工作面却出现风量有富余。同时,一旦局部通风机停转,将影响2个工作面的供风,恢复通风更为复杂、困难。所以,《煤矿安全规程》规定,不得使用1台局部通风机同时向2个作业的掘进工作面供风。

106. 掘进巷道停风时有哪些安全规定?

掘进巷道局部通风机停风时,应符合以下几个方面的规定

要求:

1. 使用局部通风机通风的掘进工作面,不管掘进与否,都不得停风,以防掘进巷道中积存大量瓦斯。否则,如果有人作业,会导致人员窒息、死亡;如果是停工工作面,恢复掘进时需要排放瓦斯,带来许多不安全因素。

2. 因检修、停电等原因计划性停风的,为了确保人员身体健康和安全,必须将人员撤出;同时为了避免出现电火花引爆瓦斯,必须切断掘进巷道的一切电源。

3. 恢复通风前,必须检查瓦斯。只有在局部通风机及其开关附近 10 m 以内风流中的瓦斯浓度都不超过 0.5% 时,方可人工开启局部通风机,以免引起巷道中涌出的瓦斯爆炸。

107. 为什么生产水平和采区必须实行分区通风?

分区通风指的是井下各个水平、各个采区的各个采煤工作面、掘进工作面和其他用风地点的回风流,各自直接排入各自采区的回风巷道或总回风道的通风方式。

准备采区,必须在采区构成通风系统后,方可开掘其他巷道。采煤工作面必须在采区构成完整的通风、排水系统后,方可回采。

高瓦斯矿井、有煤(岩)与瓦斯(二氧化碳)突出危险的矿井的每个采区和开采容易自燃煤层的采区,必须设置至少 1 条专用回风巷;低瓦斯矿井开采煤层群和分层开采采用联合布置的采区,必须设置 1 条专用回风巷。

采区进、回风巷必须贯穿整个采区,严禁一段为进风巷、一段为回风巷。

分区通风有较大的优越性：一是安全可靠。当其中任一风路发生瓦斯、煤尘爆炸或火灾事故时，所产生的有害气体和高温烟雾直接排入回风巷道，不会使灾情扩大。二是风流稳定。当需要调节各用风地点风量时，调节方法较简单方便。三是总风阻小。矿井通风能力增大，通风耗电费用减小。因此，《煤矿安全规程》规定，矿井必须实行分区通风，每个生产水平和各个采区都必须布置回风巷道。

108. 采掘工作面独立通风有哪些规定？

1. 采煤工作面和掘进工作面都应实行独立通风。

2. 同一采区内同一煤层上下相连的两个同一风路中的采煤工作面、与采煤工作面相连的掘进工作面、相邻的两个掘进工作面，布置独立通风有困难时，在制定措施后，可采用串联通风，但串联通风的次数不得超过1次。

3. 采区内未构成新区段通风系统的掘进巷道或采煤工作面遇地质构造而重新掘进的巷道，布置独立通风确有困难时，其回风可以串入采煤工作面，但必须制定安全措施，且串联通风的次数不得超过1次；构成独立通风系统后，应立即改为独立通风。

4. 对以上所规定的串联通风，必须在被串联工作面的风流中装设甲烷断电仪，且瓦斯和二氧化碳浓度都不得超过0.5%，其他有害气体浓度都应符合《煤矿安全规程》的规定。

5. 开采有瓦斯喷出或有煤与瓦斯（二氧化碳）突出危险的煤层时，严禁任何两个工作面之间串联通风。

109. 掘进巷道贯通时调整通风系统有哪些规定?

掘进巷道贯通时,要提前做好通风系统的调整工作。

1. 当综合机械化掘进巷道在距离贯通地点 50 m 前,其他巷道在距离贯通地点 20 m 前,必须停止一个工作面作业,由一个工作面掘进贯通,并做好调整通风系统的准备工作。

2. 贯通时,必须有专人在现场统一指挥。停止作业的工作面必须保持正常通风,设置栅栏及警标,并经常检查风筒的完好状况、局部通风机的运转情况以及工作面和回风流中的瓦斯浓度,当瓦斯浓度超限时,必须立即进行处理。

3. 掘进作业的工作面每次爆破前,必须派专人和瓦斯检测工一起到停止作业的工作面检查工作面和回风流中的瓦斯浓度。

只有在将要贯通的两个工作面及其回风流中的瓦斯浓度都在 1.0% 以下时,掘进作业的工作面方可进行爆破。否则,必须停止掘进工作面的工作,处理超限的瓦斯。

4. 每次爆破前,两个工作面都必须按规定设专人进行警戒。

5. 贯通后,必须停止采区内的一切工作,立即调整通风系统,待工作面风流稳定后,方可恢复工作。

110. 矿井通风设施有哪几种?如何爱护矿井通风设施?

矿井通风设施的作用是控制井下风流的方向和数量,使其按规定的路线流动,并满足用风地点的所需风量,防止采空区和旧巷中有害气体涌到井下风流中,保证矿井安全。

1. 矿井通风设施种类

矿井通风设施按其作用不同分为以下几种类型：

（1）风门：风门是在不允许风流通过、但需行人或行车的巷道中设置。

（2）风墙：风墙又叫密闭，是专门为隔断风流而在不行人或车的巷道中设置。

（3）风桥：风桥是将两股平面交叉的进风流和回风流隔断成立体交叉的一种通风设施。它使新风与乏风互不相掺。

（4）调节风窗：调节风窗安装在风门上，移动插板来调节窗口面积，以控制通过风量的大小。

2. 爱护矿井通风设施

井下通风状态的好坏，对安全生产有直接关系。所有井下职工都必须爱护矿井通风设施，保护设施完好，保证井下正常通风。

（1）不经通风部门批准，任何人不准随便损坏和拆除矿井通风设施。

（2）通过风门时，一定要随手把风门关好。切不可把一条巷道中相邻两道风门同时敞开，要过一道关一道。

（3）不可随便移动调节风窗的插板或将窗口堵严。

（4）井下栅栏、警示牌、瓦斯记录牌和测风站等通风辅助设施，任何人不准随便拆毁、摘除、涂改或移动。

（5）如发现矿井通风设施损坏，应立即向有关部门或领导报告，以便及时修复。

111. 构筑永久风门有哪些技术要求？

1. 每组风门不少于2道，通车风门间距不少于一列车长度；

行人风门间距不小于 5 m；进、回风巷道之间构筑风门时，要同时设置反向风门，其数量不少于 2 道。

2. 风门能自动关闭，通车风门实现自动化；矿井总回风和采区回风系统的风门要装有闭锁装置，风门不能同时打开（包括反向风门）。

3. 门垛墙要用不燃性材料建筑，厚度不小于 0.5 m，严密不漏风。

4. 门垛周边要掏槽，见硬顶、硬帮与煤岩接实。

5. 墙垛平整（1 m 内凹凸不大于 10 mm），无裂缝、重缝和空缝。

6. 门框要包边沿口，有衬垫，四周接触严密。

7. 风门水沟要设反水池或挡风帘；通车风门要设底坎；电缆、管路孔要堵严。

8. 风门前后各 5 m 内巷道支护良好，无杂物、积水和淤泥。

9. 自动风门开关要灵活、可靠，并且其开关状态要在矿井安全监控系统中反映。

112. 局部通风机安装位置有什么规定?

为了防止压入式局部通风机吸入回风流的乏风，杜绝循环风，使掘进巷道风流中的瓦斯在爆炸浓度以下，避免瓦斯爆炸事故，所以，必须对局部通风机安装位置进行规定。为了防止被煤堆淤埋，更好地保证局部通风机正常工作，局部通风机安装应具有一定的高度。

掘进巷道使用的局部通风机位置必须符合以下规定要求：

1. 压入式局部通风机必须安装在进风巷道中，距掘进巷道回风口不得小于 10 m。

2. 全风压供给该处局部通风机的风量必须大于局部通风机的吸入风量。

3. 局部通风机安装地点到回风口间的巷道中的最低风速必须不得小于 0.15 m/s。

113. 矿井反风有哪些要求？

1. 生产矿井主要通风机必须装有反风装置，并满足以下要求：

（1）结构简单、坚固可靠。

（2）所有操作开关集中安设，动作灵活可靠，便于值班司机一人独立操作。

（3）能在 10 min 内改变巷道中的风流方向。

（4）当风流方向改变后，主要通风机的供风量不应小于正常供风量的 40%。

（5）反风风门（闸板）的总质量大于 1 t 时，应采用电动、手摇两用风门绞车，并集中操作。

2. 矿井必须明确反风方法。

3. 每季度应至少检查 1 次反风设施，检查项目包括主要通风机和启动电气设备、进风井口房、反风道、所有地面闸门和风门、电控设备绞车和钢丝绳、防爆门、反风设备的防冻设施以及进、回风井之间和主要进、回风道之间的正、反向风门等。

4. 每一矿井每年应进行 1 次反风演习，矿井通风系统有重大变化时,应进行1次反风演习。反风演习持续时间应不少于从矿井最远地点撤到地面所需的时间。

5. 反风演习时,在反风后出风井口附近20 m范围内以及反风后与出风井口相连通的井口房等建筑物内,都必须切断电源,禁止一切火源存在,并禁止通行。

114. 有哪些情形时认定为"通风系统不完善、不可靠"? 如何处理?

1. 根据国家安全生产监督管理总局和国家煤矿安全监察局制定的《煤矿重大安全生产隐患认定办法(试行)》,"通风系统不完善、不可靠"是指有下列情形之一的:

(1) 矿井总风量不足的。

(2) 主井、回风井同时出煤的。

(3) 没有备用主要通风机或者两台主要通风机能力不匹配的。

(4) 违反规定串联通风的。

(5) 没有按正规设计形成通风系统的。

(6) 采掘工作面等主要用风地点风量不足的。

(7) 采区进(回)风巷未贯穿整个采区,或者虽贯穿整个采区,但一段进风、一段回风的。

(8) 风门、风桥、密闭等通风设施构筑质量不符合标准,设置不能满足通风安全需要的。

(9) 煤巷、半煤岩巷和有瓦斯涌出的岩巷的掘进工作面未装备甲烷风电闭锁装置或者甲烷断电仪和风电闭锁装置的。

2. 认定"通风系统不完善、不可靠"后,应该立即登记建档,指定专人负责跟踪监控,企业应该认真整改,排除隐患。整改完成后,由煤矿主要负责人组织自检。自检合格后,向县级以上政府煤矿安全生产监管部门提出恢复生产的申请报告。验收合格后方可恢复生产。

对于存在"通风系统不完善、不可靠"的重大安全生产隐患的煤矿,仍然进行生产的,主管部门应当责令立即停产整顿,并处50万元以上200万元以下的罚款,对煤矿企业负责人处3万元以上15万元以下的罚款。对3个月内2次或者2次以上发现"通风系统不完善、不可靠"仍然进行生产的煤矿,由有关部门、机构提请有关地方人民政府关闭该煤矿,并由颁发证照的部门立即吊销矿长资格证和矿长安全资格证,该煤矿的法定代表人和矿长5年内不得再担任任何煤矿的法定代表人或者矿长。

◎ **真实案例**

2002年6月20日9:03,黑龙江省鸡西矿业集团城子河煤矿145采煤工作面的临时水仓,由于没有形成全风压通风的通风系统,利用局部通风机进行通风。局部通风机突然停止运转,无风状态长达42 min,造成瓦斯积聚。此时潜水泵开关失爆,启动时产生电弧引燃瓦斯,造成爆炸,导致124人死亡,24人受伤。

115. 如何识读矿井通风系统图?

识读矿井通风系统图时,一般按以下步骤进行:

1. 看懂并记住矿井通风系统图的图例,例如,→进风、○→回风等。一般在整幅图的右下方都标有图例说明。

2. 看矿井进风井和回风井的井口位置。

一般来说，进风井位于井田中央；回风井位于井田中央或两翼。由进风井，经过主石门，到达运输大巷，即为总进风大巷；两翼分别由总回风大巷经由回风井，将乏风排至地面。

3. 看采区通风系统。

在一个采区内看有几条采区上（下）山，其中哪条是进风上（下）山，哪条是回风上（下）山。进（回）风上（下）山是怎样与矿井总进（回）风大巷连接的。

4. 看采掘工作面通风系统。

采掘工作面的进（回）风巷与采区进（回）风上（下）山是怎样连接的。

5. 在看清矿井通风风流路线的基础上，进一步看控制风流方向和风量大小的通风设施，例如，风门、密闭、调节风窗等。

第五章 煤矿瓦斯防治知识

116. 什么是煤矿瓦斯?它是怎样产生的?有哪些性质?

1. 广义地说,煤矿瓦斯是生产过程中产生的大量有毒、有害气体的总称,俗称沼气。由于其中甲烷的含量占 80% 以上,所以习惯上又把瓦斯叫做甲烷,写成 CH_4。

2. 瓦斯是在煤的生成过程中伴随产生的。古代植物在成煤过程中,经化学作用,其纤维质分解产生大量瓦斯。在以后煤的变质过程中,随着煤的化学成分和结构的改变,继续有瓦斯不断生成。在漫长的地质年代里,大部分瓦斯早已逸散于大气之中,只有少部分还滞留在煤体内,随着采掘活动的进行,瓦斯便从煤体内涌出。

3. 瓦斯的性质

(1) 瓦斯是无色、无味、无臭的气体。

(2) 瓦斯的相对密度为 0.554。

(3) 瓦斯扩散性很强,是空气的 1.6 倍。

(4) 瓦斯微溶于水。

(5) 瓦斯不助燃,但与空气混合达到一定浓度后,遇火源可以燃烧、爆炸。

(6) 瓦斯本身无毒,但空气中瓦斯浓度增加时,会使氧含量相应减少,从而使人因缺氧窒息。

117. 如何计算矿井瓦斯涌出量?

矿井瓦斯涌出量是指在开采过程中,单位时间内或单位质量煤中放出的瓦斯量。表示矿井瓦斯涌出量的方法有两种。

1. 绝对瓦斯涌出量

绝对瓦斯涌出量是指单位时间内涌入采掘空间的瓦斯数量,用 m^3/min 或 m^3/d 表示,可用下式进行计算。

$$Q_{CH_4}=QC$$

或

$$Q^1_{CH_4}=1\,440QC$$

式中 Q_{CH_4}——矿井(或采区)绝对瓦斯涌出量,m^3/min;

$Q^1_{CH_4}$——矿井(或采区)绝对瓦斯涌出量,m^3/d;

Q——矿井(或采区)总回风量,m^3/min;

C——矿井(或采区)总回风流中的瓦斯浓度,%;

1 440——1 昼夜的分钟数。

2. 相对瓦斯涌出量

相对瓦斯涌出量是指在矿井正常生产条件下,月平均日产 1 t 煤所涌出的瓦斯数量,用 m^3/t 表示,可用下式进行计算。

$$q_{CH_4}=\frac{1\,400Q_{CH_4}N}{A}$$

式中　q_{CH_4}——矿井（或采区）相对瓦斯涌出量，m^3/t；

　　　Q_{CH_4}——矿井（或采区）绝对瓦斯涌出量，m^3/min；

　　　A——矿井（或采区）月产煤量，t；

　　　N——矿井（或采区）的月工作天数，天。

必须指出，对于抽放瓦斯的矿井，在计算矿井瓦斯涌出量时，应包括抽放的瓦斯量。

118. 瓦斯有哪些危害？

煤矿井下瓦斯主要有以下危害：

1. 瓦斯本身无毒，但空气中瓦斯浓度增加，氧含量相应减少，会使人因缺氧而窒息。

2. 瓦斯在一定条件下，会发生燃烧、爆炸。爆炸产生的冲击波会造成人员伤亡、巷道和设备毁坏；爆炸形成的高温能烧伤、烧死人员，烧毁设备、材料和煤炭资源；爆炸生成的大量有毒有害气体，会使人员窒息、中毒甚至死亡；爆炸扬起大面积积尘，使之参与爆炸，后果更加惨重。

3. 瓦斯是一种无色、无味、无臭的气体，人体凭感觉器官很难发现其存在，所以隐蔽性很强。但它的扩散性很强，是空气的1.6倍，能迅速扩散至全部空间，对人体造成危害。

4. 瓦斯相对密度约为空气的一半，所以经常积聚在巷道空间的上部，特别是巷道冒顶空洞里、采煤工作面上隅角和采空区冒高处，积聚的瓦斯浓度容易达到爆炸界限，但不容易被检测出来。

5. 瓦斯燃烧具有延迟性。因为瓦斯的热容量大，遇高温并不会立即发生燃烧,这段间隔时间称为感应期。安全爆破就是利用瓦斯爆炸感应期而实现的。

目前,瓦斯事故已成为我国煤矿"第一杀手"。据统计,2007年全国煤矿瓦斯事故起数占全国煤矿总事故起数的11.2%;死亡人数占总死亡人数的28.6%;在重大事故以上瓦斯事故发生的次数占全国煤矿各类事故总次数的78.57%;瓦斯事故一次死亡人数3.99人。

特别是2004年10月—2005年底,共发生一次死亡100人以上的特别重大瓦斯事故5起,共计死亡757人。因此,预防瓦斯事故的发生是煤矿安全工作的重中之重。

◎ 真实案例

2005年2月14日13:01,辽宁省阜新矿业(集团)有限责任公司孙家湾煤矿由于冲击地压作用使瓦斯大量涌出,掘进工作面局部停风造成瓦斯积聚达到爆炸界限,工人违章带电检修临时配电点的照明信号综合保护装置时产生电火花,引起瓦斯爆炸。这次瓦斯爆炸事故造成214人死亡、30人受伤,直接经济损失达4 968.9万元。

119. 瓦斯爆炸的条件是什么?

瓦斯爆炸有以下3个条件,且缺一不可。

1. 瓦斯浓度

瓦斯爆炸浓度为5%~16%,达到9.5%时爆炸威力最强。但瓦斯爆炸界限会随其他可燃气体和煤尘的混入,或混合气体的压力和温度的升高而扩大。

2. 高温火源

一般情况下，瓦斯引爆温度为 650~750℃。明火、煤炭自燃、电气火花、摩擦火花、静电和吸烟等都可能引爆瓦斯。

3. 氧气含量

瓦斯爆炸时空气中氧气含量必须达到 12% 以上。

120. 瓦斯爆炸有哪些危害？

瓦斯爆炸主要可以造成以下危害：

1. 产生高温

瓦斯爆炸产生的高温可达 2 150~2 650℃，会烧伤、烧死人员，烧毁设备和煤炭资源。

2. 产生高压

瓦斯爆炸产生的高压会形成强大冲击波，造成人员伤亡，巷道和机械设备遭到破坏，扬起大量积尘，并使之参与爆炸。

3. 产生大量有害气体

瓦斯爆炸后空气成分发生变化，氧含量下降到 6%~8%，二氧化碳浓度增加到 4%~8%，特别是一氧化碳浓度高达 2%~4%，会造成大批人员伤亡。

◎真实案例

2004 年 10 月 20 日，河南省郑州大平煤矿掘进工作面进入断层破碎带后，于 22:09 发生了具有延期性的特大型煤与瓦斯突出，突出的瓦斯逆流到西大巷新鲜风流中，造成瓦斯浓度达到爆炸界限，由于架线电机车受电弓与架线接触摩擦产生电火花，于 22:40 在西大巷内发生瓦斯爆炸。瓦斯爆炸涉及西大巷三个采区和岩石下山、井下火药库及西回风井等处,引发火药库雷管爆炸,硝铵炸药发生燃烧和爆轰。这次瓦斯爆炸事故造成148人死亡、35人受伤(其中重伤5人),直接经济损失达3935.7万元。

121. 为什么采掘工作面容易发生瓦斯爆炸?

瓦斯爆炸主要发生在掘进工作面,其次是采煤工作面,其主要原因有以下几个方面:

1. 掘进工作面

掘进工作面的瓦斯爆炸事故约占总事故次数的80%,主要原因是:

(1)掘进工作面局部通风机供风距离长,如果管理不善,漏风量大,风量不稳定、不可靠,往往造成掘进工作面迎头风量不足,不能有效地冲淡和排除瓦斯。

(2)掘进工作面及其巷道内瓦斯涌出量大。如果出现停风或微风,积聚或流动的瓦斯很快就会达到爆炸界限。

(3)掘进工作面大多数采用电钻打眼,装药爆破,机电设备较多且频繁移动,稍有管理不善,就可能产生引爆火源。

2. 采煤工作面

(1)采煤工作面上隅角是瓦斯容易积聚的地点,也是最容易发生瓦斯爆炸的地点。

(2)采空区往往积聚大量瓦斯,特别是放顶煤开采时,高冒处的瓦斯很难排出。

(3)采煤工作面需要经常爆破,加之机电设备较多,很容易造成引爆火源。

122. 采煤工作面上隅角瓦斯积聚有哪些处理方法？

处理采煤工作面上隅角积聚的瓦斯主要有以下六种方法：

1. 风障导风法

设置风障迫使一部分风流经上隅角排除积聚的瓦斯。

2. 风筒导风法

利用水力引射器将上隅角积聚的瓦斯通过导风筒排除。

3. 尾巷排放法

打开联络巷密闭，在回风巷挡挂风帘，迫使一部分风流漏入采空区，以冲淡和排除上隅角积聚的瓦斯。

4. 抽放排除法

向采空区打钻孔或埋设管路，利用瓦斯抽放系统将上隅角积聚的瓦斯排除。

5. 风压调节法

在工作面进风巷安设局部通风机，设两道风门，在回风巷设两道调节风门，并在回风巷穿过两道调节风门设一硬质导风筒用以排除上隅角积聚的瓦斯。

6. 调整通风法

如变反向风为正向风、变上行风为下行风等。

123. 巷道高冒处瓦斯积聚的处理方法有哪些？

处理巷道高冒处积聚的瓦斯主要有以下五种方法：

1. 充填置换法

在棚梁上铺一定厚度的木板或荆笆，再在其上填满黄土或沙子，将高冒处积聚的瓦斯置换排除。

2. 风筒分支排除法

巷道内若有导风筒，可在高冒处的风筒上加"三通"接头或安设一小段小直径分支风筒，向高冒处送风，以排除积聚的瓦斯。

3. 导风板引风法

在高冒空间的支架上钉挡板，把一部分风流引到高冒处，以吹散积聚的瓦斯。

4. 黄泥抹缝法

当顶板裂隙发育、瓦斯涌出量大而又难以排除时，先将巷道棚顶用木板背严实，然后用黄泥抹缝将其封闭，隔绝高冒处积聚的瓦斯，以减少向巷道集中涌出的瓦斯量，从而容易被巷道中风流冲淡。

5. 瓦斯抽放法

当巷道顶底板裂隙大量涌出瓦斯时，可以向裂隙带打钻孔，利用抽放系统进行高冒处瓦斯抽放。

124. 采掘工作面瓦斯和二氧化碳的检查次数是怎样规定的？

《煤矿安全规程》对采掘工作面的瓦斯检查次数有明确规定：

1. 采掘工作面的瓦斯浓度检查次数

（1）低瓦斯矿井中每班至少检查2次。

（2）高瓦斯矿井中每班至少检查3次。

（3）有煤（岩）与瓦斯突出危险的采掘工作面，有瓦斯喷出危险的采掘工作面,瓦斯涌出量较大、变化异常的采掘工作面,必须有专人经常检查,并安设甲烷断电仪。

(4) 井下停风地点栅栏外风流中的瓦斯浓度每天至少检查1次,挡风墙外的瓦斯浓度每周至少检查1次。

(5) 本班未进行工作的采掘工作面、可能涌出或积聚瓦斯的硐室和巷道应每班至少检查1次。

2. 采掘工作面的二氧化碳浓度检查次数

(1) 应每班至少检查2次。

(2) 有煤(岩)与二氧化碳突出危险的采掘工作面,二氧化碳涌出量较大、变化异常的采掘工作面,必须有专人经常检查二氧化碳浓度。

(3) 本班未进行工作的采掘工作面、可能涌出或积聚二氧化碳的硐室和巷道应每班至少检查1次。

125. 采区、采掘工作面回风巷瓦斯浓度是怎样规定的?

《煤矿安全规程》规定,采区回风巷、采掘工作面回风巷风流中瓦斯浓度超过1.0%或二氧化碳浓度超过1.5%时,必须停止工作,撤出人员,采取措施,进行处理。

瓦斯爆炸浓度的下限是5%,这样规定主要是考虑以下两点理由。

1. 安全系数

(1) 井下瓦斯浓度的分布,无论在时间上和空间上都是不均匀的,且在不断发生变化,检验人员在测定时间和空间上存在偶然性。

(2) 测定仪器有一定的允许误差。

(3) 检验人员由于思想和业务等原因存在一定的读数误差。

2. 瓦斯爆炸的影响因素

(1) 在混合气体中掺入煤尘可使瓦斯爆炸界限扩大。煤尘浓度在 5 g/m^3 时，瓦斯爆炸浓度下限降为 3.0%；煤尘浓度在 8 g/m^3 时，瓦斯爆炸浓度下限降为 2.5%。

(2) 空气温度升高可使瓦斯爆炸界限扩大。当温度超过 700℃时，瓦斯爆炸浓度下限为 3.25%；温度过高可引燃低浓度的瓦斯，810℃时瓦斯爆炸浓度下限为 2%。

(3) 在混合气体中掺入其他可燃气体可使瓦斯爆炸界限扩大。

(4) 混合气体的压力升高可使瓦斯爆炸界限扩大。

(5) 在混合气体中掺入惰性气体可使瓦斯爆炸界限缩小，甚至丧失爆炸性。

所以，把采区回风巷、采掘工作面回风巷风流中瓦斯浓度规定不超过 1.0%是科学的、可靠的和安全的。

126. 采掘工作面及其他作业地点瓦斯浓度有哪些规定？

采掘工作面等作业地点瓦斯浓度必须符合以下规定：

1. 采掘工作面及其他作业地点风流中瓦斯浓度达到 1.0%时，必须停止用电钻打眼。

2. 爆炸地点附近 20 m 以内风流中瓦斯浓度达到 1.0%时，严禁爆破。

3. 以下地点瓦斯浓度达到 1.5%时，必须停止工作，切断电

源,撤出人员,进行处理:

(1) 采掘工作面风流中。

(2) 其他作业地点风流中。

(3) 电动机或其开关安设地点附近 20 m 以内风流中。

4. 采掘工作面及其巷道内,体积大于 $0.5 m^3$ 的空间积聚的瓦斯浓度达到 2.0%时,附近 20 m 内必须停止工作,切断电源,撤出人员,进行处理。

5. 对因瓦斯浓度超过规定被切断电源的电气设备,必须在瓦斯浓度降到 1.0%以下时,方可通电启动。

127. 什么叫高瓦斯区和瓦斯喷出区域?

由于地质构造或煤层埋藏条件的变化,有的低瓦斯矿井中存有瓦斯涌出量大于 $10 m^3/t$ 或有瓦斯喷出的个别采区、工作面,将其定为高瓦斯区并按高瓦斯矿井管理,其目的主要是防止因瓦斯涌出异常而导致瓦斯灾害事故。

所谓"瓦斯喷出区域"是指在 20 m 巷道范围内,瓦斯涌出量大于或等于 $1.0 m^3/min$,且持续时间在 8 h 以上的区域。

128. 如何防止瓦斯积聚?

防止瓦斯积聚主要有以下四条措施:

1. 加强通风

矿井通风工作是防止瓦斯积聚的基本措施,只有做到供风稳定、连续、有效,才能保证及时冲淡和排除矿井瓦斯。

2. 抽放瓦斯

瓦斯涌出量大，采用通风方法解决瓦斯问题不合理时，或采用正常通风解决瓦斯问题仍达不到要求时，应提前对瓦斯进行抽放。

3. 加强检查

要经常检查井下的通风情况和瓦斯浓度。一定按《煤矿安全规程》规定的检查次数检查瓦斯和二氧化碳浓度。严格执行《煤矿安全规程》中有关瓦斯浓度的规定，严禁空班漏检，认真及时地填写有关日志和记录，发现问题及时汇报并积极处理。

4. 及时处理局部积聚的瓦斯

容易积聚瓦斯的地点有：采煤工作面上隅角、采空区边界、切割中的采煤机附近、顶板冒落空洞内、低风速巷道的顶部、停风的盲巷以及风筒送风达不到的掘进工作面等，发现瓦斯积聚，必须及时采取措施进行排放和处理。

129. 如何加强瓦斯引爆火源的治理？

加强瓦斯引爆火源的治理应该采取以下三种方法：

1. 防止明火

（1）禁止在井口房、通风机房、瓦斯抽放机房周围 20 m 以内使用明火、吸烟或用火炉取暖。

（2）严禁携带烟草、点火物品和穿化纤衣服入井；严禁携带易燃品入井，必须带入井下的易燃品要经矿总工程师批准。

（3）井下禁止使用电炉或灯泡取暖。

（4）不得在井下和井口房内从事施焊作业。如必须在井下主要硐室、主要进风道和井口房内从事电焊、气焊和使用喷灯焊接时,每次都必须制定安全措施报矿长批准,并遵守《煤矿安全规程》有关规定。回风巷不准进行施焊作业。

(5) 严禁在井下存放汽油、煤油、变压器油等。井下使用的棉纱、布头、润滑油等,必须放在有盖的铁桶内,严禁乱扔、乱放和抛洒在巷道、盲硐或采空区内。

(6) 防止煤炭氧化自燃,加强火区检查与管理,定期采气分析,防止复燃。

2. 防止电火

(1) 瓦斯矿井必须采用矿用安全型、防爆型和安全火花型的电器设备。对电器设备的防爆性能要定期、经常检查,不符合要求的要及时更换和修理;否则不准使用。

(2) 井口和井下电气设备必须有防雷和防短路保护装置;采取有效措施防治井下杂散电流。

(3) 所有电缆接头不准有"鸡爪子""羊尾巴"和明接头。

(4) 修理开关、接线盒等不准带电作业。

(5) 局部通风机开关要设风电闭锁、瓦斯电闭锁装置、检漏装置等。

(6) 发放的矿灯要符合要求,严禁在井下拆开、敲打和撞击灯头和灯盒。

3. 其他引火源的治理

(1) 矿井中使用的如塑料、橡胶、树脂等高分子材料制品,其表面电阻应低于规定值。其中,洒水、排水用塑料管壁表面电阻应小于$10^9 \Omega$,压风用管壁表面电阻应小于$10^8 \Omega$,喷浆用管壁表面电阻应小于$10^8 \Omega$,抽放瓦斯用管壁表面电阻应小于$10^6 \Omega$。

（2）在摩擦发热的部件上安设过热保护装置；在摩擦部件金属表面熔敷活性低的金属；使用难引燃性能的合金工具；综合机械化机组作业的采掘工作面遇到坚硬岩石时，应采用放炮处理，机组截齿处应采取喷水降温措施。

130. 如何加强盲巷和采空区瓦斯治理？

治理盲巷和采空区瓦斯应采取以下安全管理方法：

1. 按照分源治理原则治理盲巷和采空区瓦斯

盲巷和采空区是井下积聚高浓度瓦斯的主要地点，如果盲巷和采空区有较大瓦斯涌出源或已成为邻近层排放瓦斯的主要通道，应采取瓦斯抽放方法，积极治理该地点的瓦斯积聚，确保附近地点的采掘空间不受此瓦斯涌出源的影响。

2. 加强盲巷和采空区瓦斯的日常管理

（1）井下应尽量避免出现任何形式的盲巷。与生产无关的报废巷道或旧巷，必须及时充填或用不燃性材料进行封闭。

（2）对于掘进施工的独头巷道，局部通风机必须保持正常运转，临时停工也不得停风。如因临时停电或其他原因，局部通风机停止运转，要立即切断巷道内一切电气设备的电源（安设风电闭锁装置可自动断电）和撤出所有人员，在巷道口设置栅栏，并挂有明显警标，严禁人员入内，瓦斯检验工每班在栅栏处至少检查一次。如果发现栅栏内侧 1 m 处瓦斯浓度超过 3％或其他有害气体超过允许浓度的，必须在 24 h 内用木板予以密闭。

（3）长期停工、瓦斯涌出量较大的岩石巷道也必须封闭，没有瓦斯涌出或涌出量不大（积存瓦斯浓度不超过 3％）的岩巷可不封闭,但必须在巷口设置栅栏、揭示警标,禁止人员入内并定期检查。

(4) 凡封闭的巷道,要对密闭坚持定期检查,至少每周一次,并对密闭质量、内外压差、密闭内气体成分、温度等进行检测和分析,发现问题采取相应措施及时处理。

(5) 恢复有瓦斯积存的盲巷或打开密闭时,瓦斯处理工作应特别慎重,事先必须编制专门的安全措施,报矿总工程师批准。处理前应由救护队佩戴呼吸器进入瓦斯积聚区域检查瓦斯浓度并估算积聚的瓦斯数量,然后按"分级管理"的规定排放瓦斯。

131. 排放瓦斯分级管理的有关规定是什么?

通风机因故停止运转而造成巷道内瓦斯积存的现象时有发生。为防止瓦斯灾害事故,必须及时、安全地排除这些积存的瓦斯。排放瓦斯是矿井瓦斯管理工作的重要内容之一,排放瓦斯分级管理必须符合以下有关规定。

1. 凡遇下列情况必须进行排放瓦斯工作

(1) 矿井因停电和检修,主要通风机停止运转或通风系统遭到破坏后,在恢复通风前必须排放瓦斯,并且必须有排除瓦斯的安全措施。

(2) 局部通风机因故停止运转时,恢复通风前必须首先检查瓦斯,停风区中瓦斯浓度超过 1.0% 或二氧化碳浓度超过 1.5% 时,必须对积存瓦斯进行排放。

(3) 恢复已封闭的停工区或采掘工作接近这些地点时,必须首先排除其中积存的瓦斯,并且必须制定专门的安全技术措施。

2. 排放瓦斯二级管理

一级排放：瓦斯浓度超过1.0%（二氧化碳浓度超过1.5%）但不超过3.0%时，必须采取安全措施，控制风流，排放瓦斯。

二级排放：瓦斯或二氧化碳浓度超过3.0%时，必须制定安全排瓦斯措施，报矿技术负责人批准。

132. 排放瓦斯有哪些规定？

排放瓦斯时，应符合以下安全规定：

1. 排放瓦斯前，必须检查局部通风机及其开关地点附近10 m以内风流中的瓦斯浓度，其浓度不超过0.5%时，方可人工开动局部通风机。

2. 排放瓦斯时，经过检查独头巷道回风流与全风压风流混合处的瓦斯浓度达到1.5%时，应减少供风量。

3. 排放瓦斯时，严禁局部通风机发生循环风。

4. 排放瓦斯时，独头巷道的回风系统内必须切断电源、撤出人员，禁止人员通行。

5. 二级排放瓦斯工作，必须由通风部门（或救护队）实施，安监部门现场监督，救护队现场值班。

6. 排放瓦斯后，整个独头巷道内风流中的瓦斯浓度不超过1%、氧气浓度不低于20%和二氧化碳浓度不超过1.5%，且稳定30 min后，才可以恢复局部通风机的正常通风。

7. 两个串联工作面排放时严禁同时进行。应首先从进风方向第一台局部通风机开始。

8. 恢复正常通风后，必须由电工检查电气设备，证实完好方可人工恢复通电。

133. 瓦斯抽放的作用是什么？有哪几种形式？

瓦斯抽放是指在采煤之前或采煤过程中将煤层中赋存的瓦斯排除到地面。

1. 瓦斯抽放的作用

（1）减少开采过程中的瓦斯涌出量，尤其对煤与瓦斯突出煤层可以降低突出的危险性，保证开采安全。

（2）地面利用瓦斯，变废为宝，减少污染。

2. 瓦斯抽放的形式

（1）本煤层钻孔抽放瓦斯

在各水平的底板围岩运输大巷中，每隔 30 m 做一长 10~15 m 的小石门作为抽放钻场。由此向煤层打 3~5 个放射状钻孔，钻孔穿透煤层并进入顶板。钻孔打好后即插管封闭，接入总抽放管进行抽放。

（2）邻近层抽放瓦斯

在开采煤层群时，如果邻近层的瓦斯威胁大，可由开采层向邻近层打钻孔抽放瓦斯。

（3）采空区抽放瓦斯

因为采空区积聚大量瓦斯，势必向采掘工作面和巷道扩散，所以，为了避免瓦斯威胁安全生产，可对采空区进行瓦斯抽放。

134. 防止瓦斯爆炸灾害扩大有哪些措施？

瓦斯爆炸的突发性、瞬时性，使得在爆炸发生时难以进行救治。因此，防止灾害扩大的措施应该集中在灾害发生前的防备设施和灾害发生时的快速反应。具体的措施有分区通风和隔爆、阻爆两个方面。灾害预防处理计划的制定对快速有效的救灾也具有十分重要的意义。

1. 分区通风

分区通风是防止灾害蔓延扩大的有效措施。利用矿井开拓、开采的分区布置，在各个采区之间、不同生产水平之间、矿井两翼之间自然分割（保护煤柱等）的基础上，布置必要的防止爆炸传播设施，可以实现井下灾害的分区管理。这样，使某一区域发生的灾害难以传播到相邻的区域，从而简化救灾抢险工作，防止灾害的扩大。

2. 隔爆、阻爆装置

当瓦斯爆炸发生后，依靠预先设置的隔爆装置可以阻止爆炸的传播，或减弱爆炸的强度、降低爆炸的燃烧温度，以破坏其传播的条件，尽可能地限制火焰的传播范围。

（1）用岩粉阻隔爆炸的蔓延

岩粉是不燃性细散粉尘，定期将岩粉撒布在积存煤尘的工作面和巷道中，可以阻碍煤尘爆炸的发生和瓦斯煤尘爆炸的传播。撒布的岩粉要求与煤尘混合，长度不少于 300 m，使不燃物含量大于 80%。岩粉棚是安装在巷道靠近顶板处的若干组台板，每块台板上存放大量岩粉。发生爆炸时，冲击波将台板摧垮使岩粉弥漫于巷道中，吸收爆炸火焰的热量及惰化空气，阻碍爆炸的传播。

（2）用水预防和阻隔爆炸

在巷道中架设水棚的作用与岩粉棚的作用相同，只是用水槽或水袋代替岩粉板棚。要求每个水槽的容量为 40~75 L，总水量按巷道断面计算不低于 400 L/m²，水棚长度不小于 30 m。岩粉的缺点是易受潮结块，需要经常更换，成本较高，国内外现在都广泛使用水代替岩粉隔爆。水的比热容比岩粉高 5 倍，汽化时吸热并能降低氧气的浓度，在爆炸的作用下比岩粉飞散快，隔爆效果较好。

（3）自动式防爆棚

使用压力或温度传感器，在爆炸发生时探测爆炸波的传播，及时将预先放置的水、岩粉、氮气、二氧化碳、磷酸钙等喷洒到巷道中，从而达到自动、准确、可靠地扑灭爆炸火焰，防止爆炸蔓延的目的。常用的有自动水幕等。

3. 编制矿井灾害预防和处理计划

《煤矿安全规程》规定："煤矿企业必须编制年度灾害预防和处理计划，并根据具体情况及时修改。灾害预防和处理计划由矿长负责组织实施。煤矿企业每年必须至少组织 1 次矿井救灾演习。"针对可能发生的井下灾害，预先编制处理计划，是防止灾害扩大、及时抢险救灾的主要方法。

矿井灾害预防和处理计划针对煤矿易发生的各类事故，提出事故预防方案、措施和对事故出现的影响范围、程度的分析、事故处理的相关措施和人员的疏散计划。具体内容包括以下几个方面：

（1）矿井可能发生灾害事故地点的自然条件、生产环境和预防的事故性质、原因和预兆。

(2) 预防可能发生的各种灾害事故的技术措施和组织措施。
(3) 实施预防措施的单位和负责人。
(4) 安全迅速撤离人员的措施。
(5) 矿井发生灾害事故时的处理方法和措施。
(6) 处理灾害事故时的人员组织和分工。
(7) 有关矿井技术资料和图样。

135. 瓦斯抽放系统有哪些作用？

瓦斯抽放系统指的是，为了减少和解除矿井瓦斯对煤矿安全生产的威胁，利用机械设备造成的负压，将煤层中存在或释放出来的瓦斯，用管道输送到地面或其他安全地点的专门系统。

瓦斯抽放实质就是把瓦斯抽放出来，并加以综合利用，变害为利。其作用主要有以下几点：

1. 瓦斯抽放可以减少煤矿开采时瓦斯涌出量，从而能有效地减少和消除瓦斯隐患和各种瓦斯事故，提高矿井的安全可靠程度。

2. 瓦斯抽放可以降低矿井通风费用，同时还能解决单纯利用通风稀释瓦斯技术和经济不合理的难题。

3. 瓦斯抽放到地面可以加以综合利用，既充分利用能量，又可减少排放到大气中造成环境污染问题。

136. 瓦斯抽放有哪几种方法？

瓦斯抽放主要有以下三种方法：

1. 利用地面钻井进行瓦斯抽放（煤层气开发）。

利用地面钻井进行瓦斯抽放（煤层气开发）指的是，在井田范围内，由地面钻井穿透煤系地层，采取降压释放瓦斯技术，达到降低煤层和围岩瓦斯含量的目的。

2. 利用地面永久抽放瓦斯系统进行瓦斯抽放。

利用地面永久抽放瓦斯系统进行瓦斯抽放指的是，在地面设置抽放瓦斯泵房，利用瓦斯泵造成的负压将瓦斯从煤层中抽出，并且通过管路安全输送到地面，达到降低煤层和围岩瓦斯含量的目的。

3. 利用井下临时瓦斯抽放系统进行瓦斯抽放。

当井下局部地点积聚瓦斯涌出量较大时，可采用移动式瓦斯抽放泵对该地点进行瓦斯抽放。抽出的瓦斯进入总回风巷或矿井永久抽放瓦斯系统的管路中，排到地面，达到降低该地点煤层和围岩瓦斯含量的目的。

137. 井下临时抽放瓦斯泵站排放的瓦斯浓度有哪些规定？

临时抽放瓦斯泵站排放的瓦斯浓度应符合以下要求：

1. 泵站排出的瓦斯引入矿井总回风巷、一翼回风巷时，稀释后的风流中瓦斯浓度不得超过 0.75%。

2. 泵站排出的瓦斯引入采区回风巷时，稀释后的风流中瓦斯浓度不得超过 1.0%。

3. 采用干式抽放瓦斯设备时，抽放瓦斯浓度不得低于 25%。

4. 利用瓦斯时，在利用瓦斯的系统中必须装设有防回火、防回风和防爆炸的安全装置。

138. 井下临时抽放瓦斯泵站应采取哪些安全措施?

为了防止临时抽放瓦斯泵站排出的较高浓度的瓦斯,在与回风巷风流均匀混合的过程中,发生熏人至死,或遇有火源进入导致瓦斯爆炸,必须采取以下安全技术措施,确保瓦斯抽放工作安全进行:

1. 在排放瓦斯管路两个出口处,都必须设置栅栏、悬挂警戒牌等,两栅栏之间禁止任何作业。

2. 考虑抽放泵排出的高浓度瓦斯与回风巷风流均匀混合的风流长度一般不超过 30 m(逆风扩散肯定范围更小,约 5 m 以内),栅栏设置的位置应在上风侧距管路出口 5 m,下风侧距管路出口 30 m。

3. 在下风侧栅栏外必须设置甲烷断电仪或矿井安全监控系统的甲烷传感器,巷道风流瓦斯浓度达到 1% 时,自动切断临时抽放瓦斯泵的电源。复电瓦斯浓度应小于 1%。

139. 煤矿瓦斯治理的十六字方针是什么?

煤矿瓦斯治理的十六字方针是:

1. 先抽后采

先抽后采指的是,利用一切可利用的条件和一切能够采用的技术手段,将煤层瓦斯预抽到有关规定的指标以下后,再进行煤炭开采。

2. 以风定产

矿井通风是有效遏制瓦斯事故的重要途径。以风定产指的是，按照《煤矿通风能力核定办法（试行）》每年进行一次矿井通风能力核定工作，根据核定的矿井通风能力科学合理地组织生产，严禁超通风能力进行生产。

3. 监测监控

监测监控指的是，采用瓦斯检测、控制仪器和装备，及时掌握瓦斯涌出异常情况，并加以断电控制。监测监控的目的就是预防发生瓦斯超限和积聚等隐患，从而控制瓦斯事故。

4. 瓦斯治理

瓦斯治理指的是，建立健全煤矿瓦斯重大安全隐患排查、治理和报告制度，落实煤矿企业瓦斯治理的主体责任，做到治理项目、资金、责任和进度四落实，建立隐患分级监控制度，务求在治理瓦斯隐患、防范重特大瓦斯事故上见实效。

140. 为什么低瓦斯矿井也必须装备矿井安全监控系统？

低瓦斯矿井装备矿井安全监控系统的目的是，提高矿井安全装备和管理水平，确保矿井安全生产，其理由主要有以下几点：

1. 瓦斯是成煤过程中的一种伴生产物，所有煤矿的各个煤层都含有瓦斯，只不过瓦斯涌出量大小不同而已，只要有瓦斯涌出，都会对煤矿安全生产形成威胁。

2. 在低瓦斯矿井中，瓦斯涌出量经常发生变化，造成瓦斯浓度增加，特别是当煤层赋存条件发生变化时或遇到地质构造复杂地带，有可能出现高瓦斯区域，这些情况对矿井安全生产的威胁都会变大。

3. 在低瓦斯矿井中，一般人们思想上重视不够，管理不严，容易出现无风、微风现象，造成局部地点瓦斯积聚，达到爆炸浓度界限。

4. 从瓦斯爆炸实例来看，我国煤矿低瓦斯矿井发生爆炸事故次数约占总爆炸事故次数的70%，有的还发生了重特大瓦斯爆炸事故。

141. 如何在掘进工作面设置甲烷传感器？

煤巷、半煤岩巷和有瓦斯涌出岩巷的掘进工作面应在以下地点设置甲烷传感器，并实现瓦斯风电闭锁：

1. 在掘进工作面混合风流处，即距工作面迎头小于等于5 m处。

2. 在掘进工作面回风流中，即距采区回风上山10～15 m处。

3. 采用串联通风的掘进工作面，被串联工作面局部通风机前3～5 m处。被串联掘进工作面局部通风机前的甲烷传感器报警浓度大于等于0.5%，断电浓度大于等于0.5%，复电浓度小于0.5%，断电范围为被串联掘进巷道内全部非本质安全型电气设备；若包括局部通风机在内，则断电浓度应大于等于1.5%。

142. 煤与瓦斯突出有哪两种预兆？

煤与瓦斯突出指的是，煤矿井下开采过程中，在很短的时间内，突然由煤（岩）体内部喷出大量煤（岩）与瓦斯，并伴随着强烈的声响和强大的机械效应的一种动力现象。

煤与瓦斯突出分有声预兆和无声预兆两种。

1. 煤与瓦斯突出的有声预兆有以下几种：

（1）煤炮（指的是深部岩层或煤层的劈裂声）响声。

（2）支架变形（如支柱、顶梁折断或位移）发出的声音。

（3）煤（岩）开裂、片帮、掉矸或底鼓发出的响声。

（4）瓦斯涌出异常，打钻喷瓦斯、喷煤，出现响声、风声和蜂鸣声。

（5）气体穿过含水裂隙的嘶嘶声。

2. 煤与瓦斯突出的无声预兆有以下几种：

（1）煤层结构变化，层理紊乱、煤层变软、煤层厚度变大、倾角变陡、煤层由湿变干、光泽暗淡。

（2）煤层构造变化，挤压褶曲、波状起伏、顶底板阶梯凸起、出现新断层。

（3）瓦斯涌出量变化，瓦斯浓度忽大忽小、煤尘增大、气温变冷、气味异常。

◎**真实案例**

2009年12月28日1:50，云南省楚雄州双柏县麻栗树煤矿工人罗××等2人在井口值班过程中发现安全检测监控系统报警，遂对井口进行查看后，发现井口出现黑烟，立即到井下探查，发现瓦斯超限。罗××等人便及时向矿井领导报告，经该矿技术人员下井查看，初步认定为大巷掘进迎头发生煤与瓦斯突出，矸石与煤从迎头堆积到总回风巷约300 m。发生事故的矿井受瓦斯突出影响，矿井内煤层、煤矸石等出现垮塌，造成井下大巷迎头的6名矿工、二平巷的5名矿工在井内下落不明。

143. 煤与瓦斯突出有哪些基本规律？

1. 突出危险性随开采深度增加而加大。

对同一煤层来说，在开始突出的深度以下，随着开采深度增加，突出次数和突出强度均增大。

2. 突出危险性随突出煤层厚度增大而增大。

突出煤层越厚，危险性越大，表现为突出次数多、强度大，开始发生突出的深度浅。

3. 突出绝大多数发生在掘进工作面。

据资料统计，发生在掘进工作面的突出次数占突出总次数的80%以上。在掘进工作面中，虽然石门揭煤层突出次数最少，但突出强度却最大，为平均强度的4.5倍。综合机械化采煤工作面推进速度快，发生突出的概率增大。

4. 突出多发生在地质构造带。

突出煤层在地质构造带，如向斜轴部地带、煤层产状变化区、压扭性断层地带等容易发生突出。

5. 突出发生前会出现突出预兆。

突出预兆有有声预兆和无声预兆两种。

6. 突出一般需要生产作业诱发。

采掘作业是突出的诱发因素，特别是爆破引发的突出约占64.6%。

◎真实案例

2009年5月30日10:55，重庆市松藻煤电有限公司同华煤矿观音桥三区安稳斜井掘进工作面发生煤与瓦斯突出事故。当班入井131人，其中出井生还101人，死亡30人。

◎真实案例

2009年11月26日23:23，贵州省黔西南州兴仁县振兴煤矿2151掘进工作面发生煤与瓦斯突出事故，造成9人死亡，1人下落不明，3人重伤。经过搜救，截至28日，失踪人员已找到。此事故共造成10人死亡。

144. 煤与瓦斯突出的基本特征是什么？

煤与瓦斯突出、压出和倾出的基本特征如下：

1. 突出的基本特征

（1）突出的煤向外抛出的距离较远，具有分选现象。

（2）抛出的煤堆积角小于自然安息角。

（3）抛出的煤破碎程度较高，含有大量的碎煤和一定数量手捻无粒感的煤粉。

（4）有明显的动力效应，如破坏支架，推倒矿车，损坏、移动安装在巷道内的设施等。

（5）有大量的瓦斯涌出，瓦斯涌出量远远超过煤的瓦斯含量，有时会使风流逆转。

（6）突出孔洞呈口小腔大的梨形、舌形、倒瓶形、分岔形以及其他形状。

2. 压出的基本特征

（1）压出有两种形式，即煤的整体位移和距离较小的抛出。

（2）整体位移的煤体有大量裂隙，顶板下面裂隙中有煤粉。

（3）压出的煤呈块状，无分选现象。

(4) 巷道瓦斯涌出量增大。

(5) 压出无孔洞或呈口大腔小的楔形、半圆形孔洞。

3. 倾出的基本特征

(1) 倾出的煤就地按自然安息角堆积。

(2) 倾出孔洞多为口大腔小形状。

(3) 无明显动力效应。

(4) 常发生在煤质松软的急倾斜煤层中。

(5) 巷道瓦斯涌出量明显增加。

145. 预防煤与瓦斯突出有哪些措施?

煤与瓦斯突出主要有以下预防措施：

1. 主要巷道应布置在岩巷或非突出煤层中。应尽量减少突出煤层中的掘进工作量。开采保护层的采区，应充分利用保护层的保护范围。

2. 应尽可能减少石门揭穿突出煤层的次数，揭穿突出煤层地点应避开地质构造带。如果条件许可，应尽量将石门布置在被保护区内，或先掘出揭煤地点的煤层巷道，然后再与石门贯通。石门与突出煤层中已掘进巷道贯通时，被贯通巷道应超过石门贯通位置 5 m 以上，并保持正常通风。

3. 在同一突出煤层的同一区段的集中应力影响范围内，不得布置两个工作面相向回采或掘进。突出煤层的掘进工作面，应避开本煤层或邻近煤层采煤工作面的应力集中范围。

4. 井巷揭穿突出煤层和在突出煤层中进行采掘作业时，必须采取远距离爆破、避难硐室、反向风门、压风自救系统等安全防护措施。

5. 突出矿井的入井人员,必须携带隔离式自救器;采掘工作业时,隔离式自救器应当悬挂或存放在其 3 m 的范围内。

146. 为什么开采突出煤层要采取"四位一体"综合防突措施?

瓦斯事故仍是煤矿"第一杀手",重特大瓦斯事故仍时有发生,其中煤与瓦斯突出事故多发,在瓦斯事故中所占比例逐年上升。2006 年、2007 年、2008 年较大以上瓦斯事故中,突出事故起数所占比例分别为 26.1%、34.6%、43.4%,死亡人数所占比例分别为 24.4%、29.4%、46.8%。重大突出事故,2005 年 4 起,2006 年 9 起,2007 年 7 起,2008 年 10 起。2009 年较大以上煤与瓦斯突出事故 16 起,5 月 30 日重庆市松藻同华煤矿发生了特大突出事故。严格规范煤与瓦斯突出防治是当前煤矿安全生产工作的一项紧迫的任务。

煤与瓦斯突出既有危险性,又有突发性,目前在很大程度上具有不可知性,所以要预知和预防它的产生还是难以实现的。在目前技术条件下,要防治突出事故带来的人员伤亡,首先要弄清它发生的地区、范围,再采取必要的可行防治措施,以使其不突然发生,降低突出强度,保证作业人员的安全,必须采取"四位一体"综合防突措施。

"四位一体"综合防突措施指的是,突出危险性预测、防治突出措施、防治突出措施的效果检验和安全防护措施。

1. 突出危险性预测

通过对煤与瓦斯突出危险性进行预测，根据突出危险性预测结果和对突出危险程度的划分，指导选择应采取的不同防突措施，可以使防突措施具有科学性、可靠性和合理性。所以，对煤与瓦斯突出危险性进行预测是"四位一体"综合防突措施的第一个环节。

2. 防治突出措施

防治突出措施按作用范围划分为以下两类：

（1）区域性防治突出措施，即能起到大面积防突作用的措施。

（2）局部性防治突出措施，即能起到局部范围防突作用的措施。

3. 防治突出措施的效果检验

采取防治突出措施后，还要进行措施的效果检验，经检验证实措施有效后，方可采取安全防护措施进行作业；如果经检验证实措施无效，则必须采取防治突出补充措施并经检验证实措施有效后，方可采取安全防护措施进行作业。

4. 安全防护措施

由于煤与瓦斯突出的原因至今仍未清楚掌握，防止突出措施也很难完全彻底地有效预防突出的发生。所以，必须具有一整套完善的安全防护措施，在一旦发生突出后，能够保证现场作业人员的生命安全。安全防护措施是"四位一体"综合防突措施的最后一个环节。

147. 石门揭穿突出煤层前必须遵守哪些规定？

在石门揭穿突出煤层时，由于煤层内的原始应力平衡状态遭到破坏，最容易发生煤与瓦斯突出，而且突出的强度很大，造成的破坏巨大，严重时可使瓦斯逆流数千米，造成整个矿井处于危险环境中。所以，《煤矿安全规程》规定，石门揭穿突出煤层前，必须编制设计，采取综合防治突出措施。

石门揭穿煤层前，必须遵守以下规定：

1. 在工作面距煤层底板垂距 10 m 以外，地质构造复杂、岩石破碎区域 20 m 以外，至少打 2 个前探钻孔，掌握煤层赋存条件、地质构造和瓦斯情况等。

2. 在工作面距煤层底板垂距 5 m 以外，至少打 2 个穿煤层全厚或见煤深度不少于 10 m 的钻孔，测定煤层瓦斯压力或预测煤层突出危险性。测定煤层瓦斯压力时，钻孔应布置在岩层比较完整的地方。对近距离煤层群，层间距小于 5 m 或层间岩石破碎时，可测定煤层群的综合瓦斯压力。

3. 工作面与煤层之间的岩柱尺寸应根据防治突出措施要求、岩石性质、煤层倾角等确定。工作面距煤层底板垂距的最小值为：抽放或排放钻孔 3 m，金属骨架 2 m，水力冲孔 5 m，振动爆破揭穿（开）急倾斜煤层 2 m、倾斜和缓倾斜煤层 1.5 m。如果岩石松软、破碎，还应适当加大垂距。

◎真实案例

1960 年 5 月 14 日，重庆松藻矿务局松藻二井＋352 m 标高石门，违章采用振动爆破揭穿 K_3 煤层，发生大型煤与瓦斯突出事故，突出煤量 1 000 t 左右，堵塞巷道 250 多米，全井充满瓦斯，瓦斯和煤尘逆风流 900 多米冲出平硐口，造成全井窒息死亡 125 人、轻伤 16 人的特大伤亡事故。

第五章 煤矿瓦斯防治知识

148. 在石门揭煤和煤巷掘进时,远距离爆破有哪些规定?

石门揭煤采用远距离爆破时,必须制定包括爆破地点、避灾路线及停电、撤人和警戒范围等专门措施。

煤巷掘进工作面采用远距离爆破时,爆破地点必须设在进风侧反向风门之外的全风压通风的新风中或避难硐室内,距工作面的距离不小于 300 m;回风系统中必须停电撤人,爆破 30 min后,方可进入工作面进行检查。

◎真实案例

1991 年 3 月 24 日 11:25,湖南省白沙矿务局红卫煤矿石门揭煤工程中因爆破误穿煤层引起煤与瓦斯突出。突出煤量 1 945 t,堆积巷道 300 m,涌出瓦斯逆流 1 300 m,造成 30 人死亡,1 人重伤,9 人轻伤。

149. 为什么要着力构建煤矿瓦斯综合治理工作体系?

"通风可靠、抽采达标、监控有效、管理到位"是煤矿瓦斯治理实践经验的概括总结,是我们对瓦斯治理规律认识的深化,是针对当前瓦斯治理存在的问题,今后一个时期治理防范瓦斯灾害的基本要求,是把瓦斯治理工作推向新水平的重要举措。为了把煤矿瓦斯治理攻坚战扎实有效地推向深入,有效治理煤矿瓦斯灾害,防范遏制重特大瓦斯事故,促进煤矿安全生产形势进一步稳定好转,必须着力构建"通风可靠、抽采达标、监控有效、管理到位"的煤矿瓦斯综合治理工作体系。

1. 通风可靠

通风可靠指的是系统合理、设施完好、风量充足和风流稳定。

通风是治理瓦斯的基础。因为瓦斯客观存在于煤炭采掘过程中，矿井通风系统可靠稳定，采掘工作面有足够的新鲜风流，瓦斯不聚积、不超限，就不会发生瓦斯事故。所以，必须把矿井和采掘工作面通风作为重要的基础性工作来抓，矿井和采掘工作面必须建立可靠稳定的通风系统。

2. 抽采达标

抽采达标指的是多措并举、应抽尽抽、抽采平衡和效果达标。

抽采抽放是防范瓦斯事故的重要手段。因为瓦斯治理必须坚持标本兼治，重在治本。通过抽采抽放降低煤层中的瓦斯含量，从根本上治理、防范瓦斯灾害。所以，要加大瓦斯抽采力度，提高抽采率和利用率，努力实现抽采达标。

3. 监控有效

监控有效指的是装备齐全、数据准确、断电可靠和处置迅速。

监测监控是防范瓦斯事故的有效保障。监测监控就是利用先进的技术手段，及时掌握井下瓦斯含量和瓦斯浓度，在瓦斯超限等异常情况发生时，及时采取措施，化解风险，杜绝事故。所以，必须做到监测准确，监控有效。

4. 管理到位

管理到位指的是责任明确、制度完善、执行有力和监督严格。

管理是瓦斯治理各项措施得到落实的关键。因为管理是企业永恒的主题。管理不到位,再完善的系统,再正确的目标,再先进的装备也难以发挥应有的作用。特别是当前一些煤矿管理松弛,有的小煤矿无章可循、有章不循、三违严重,给瓦斯治理带来极大的危害。所以,必须做到管理到位。

第六章 矿尘防治知识

150. 矿尘是怎样产生的?

矿尘是指在矿井生产和建设过程中所产生的,并能在空气中悬浮一定时间的各种矿物细微颗粒的总称。

煤矿井下矿尘的来源主要有以下几条途径:

1. 采掘工作面破碎、装载煤(岩)过程,如电钻、风锤打眼、爆破,采掘机械切割煤(岩),人工装载和机械装载等。

2. 采空区处理过程,如人工回柱放顶、液压支架移架和放顶煤开采的放顶煤作业工序等。

3. 煤(岩)的运输和转载过程,如煤(岩)的自溜运输、输送机运输、转载、卸载、煤仓口放煤和翻笼翻煤等。

4. 喷浆过程,在喷浆作业时会产生大量的水泥和矿粒粉尘。

151. 矿尘有哪些危害?

矿尘对人体健康和矿井安全存在着严重危害,主要表现在以下几个方面:

1. 对人体健康的危害

长期吸入大量的矿尘,轻者引起呼吸道炎症,重者导致尘肺病。同时,皮肤沾染矿尘,阻塞毛孔,能引起皮肤病或发炎,矿尘还会刺激眼膜。

2. 煤尘爆炸

煤尘在一定条件下可以爆炸,煤尘爆炸是煤矿五大灾害之一。对于瓦斯矿井,发生瓦斯爆炸时煤尘也有可能同时参与爆炸,使爆炸破坏程度加剧。

3. 污染作业环境

矿尘增大,会降低作业场所和巷道的能见度,不仅影响劳动效率,还容易导致误操作、误判断,往往造成作业人员伤亡。

4. 对机械设备的危害

矿尘能加速机械磨损,缩短使用寿命,增加人员对设备的维修工作量。

◎真实案例

1960年5月9日13:45,山西省大同矿务局老白洞煤矿煤尘积存非常严重,14号井翻笼附近3 m处由于煤尘飞扬几乎看不见人,100 W灯泡就像一个小红点。电机车通过该翻笼时因为运行不稳,受电弓与架空线接触不良产生强烈电火花,引爆了煤尘。当时井下共有职工912人,经过6昼夜抢救,除228人脱险外，其余 684 名职工遇难（包括未出井者 110 人），其中有矿级领导 3 人，科级干部 16 人，整个煤矿惨遭破坏，造成了极其严重的损失。

152. 什么叫煤尘爆炸指数？

煤尘爆炸指数是指煤的挥发分占可燃物的百分数。其单位为％。

煤的主要成分有挥发分、固定碳、水分和灰分等。每一种成分对煤的爆炸性都有一定影响，而其中主要是挥发分。煤尘爆炸指数也可叫做可燃挥发分指数。

爆炸指数越高，则煤尘爆炸性越强。煤尘爆炸指数与煤尘爆炸强弱的关系如下：

1. 爆炸指数小于 10％，煤尘一般不爆炸。
2. 爆炸指数 10％～15％，煤尘爆炸性较弱。
3. 爆炸指数 15％～28％，煤尘爆炸性较强。
4. 爆炸指数大于 28％，煤尘爆炸性强烈。

但是，煤尘爆炸指数并不能确定煤尘能否爆炸，我国煤矿爆炸指数小于 10％ 的，也有煤尘爆炸的现象；爆炸指数大于 10％ 的，也有煤尘不爆炸的现象；通常用煤尘爆炸指数作为判断煤尘爆炸强弱的一项指标。

煤尘爆炸指数可按下式计算：

$$V_{爆} = V_{挥} \div (V_{挥} + C)$$

或

$$V_{爆} = V_{挥} \div (100 - A - W)$$

式中　$V_{爆}$——煤尘爆炸指数，％；

$V_{挥}$——煤尘挥发分，%；

C——煤尘固定碳，%。

A——煤尘灰分，%；

W——煤尘水分，%；

煤尘爆炸性与煤的变质程度有密切的关系，煤的变质程度越高，煤尘爆炸性越弱。例如，变质程度高的无烟煤，煤尘一般不爆炸；变质程度中等的贫煤，煤尘可燃烧，爆炸性弱；变质程度低的焦煤、肥煤，煤尘有爆炸危险，火焰短；变质程度低的气煤、长焰煤、褐煤，煤尘爆炸性强，火焰长。

153. 煤尘爆炸条件是什么？

煤尘必须同时具备以下三个条件才能发生爆炸，缺一不可。

1. 具有能够爆炸的煤尘悬浮浓度

煤尘本身有的具有爆炸性，有的不具有爆炸性，一般认为煤的挥发分大于10%时，基本上属于爆炸性煤尘。爆炸性煤尘根据其爆炸指数的大小来判定爆炸程度的强弱。煤尘本身是否具有爆炸性必须经由国家授权单位进行鉴定。

具有爆炸性的煤尘只有在空气中呈悬浮状态，并且浓度达到 $45\sim2\,000\ g/m^3$ 时才能发生爆炸。爆炸威力最强时煤尘浓度为 $300\sim400\ g/m^3$。

井下空气中如果有瓦斯和煤尘同时存在，可以相互降低两者的爆炸下限，从而增加瓦斯煤尘爆炸的危险性。

2. 具有点燃引爆煤尘的高温热源

煤尘引爆温度因煤尘性质及所处条件不同变化较大，在正常情况下,煤尘爆炸时的引爆温度为 610~1 050℃,一般为 700~800℃。其引爆火源种类同瓦斯引爆火源种类,在井下作业地点很容易产生。

3. 具有浓度大于 18% 的氧气

煤尘爆炸时空气中氧气浓度必须大于 18%,但是即使小于 18%,也不能完全防止瓦斯和煤尘在空气中混合物的爆炸。

◎ **真实案例**

1958 年 10 月 16 日,河北省开滦矿务局赵各庄矿 6231 采煤工作面在处理放煤眼堵塞时,采用放"糊炮"的方法,而发生明火,造成一起煤尘爆炸事故,死亡 2 人,重伤 33 人。

154. 煤尘爆炸有哪些危害?

煤尘爆炸的危害与瓦斯爆炸相同,只是程度不一样,主要表现在以下三个方面:

1. 产生高温

煤尘爆炸产生的气体温度高达 2 300~2 500℃,爆炸火焰最大传播速度为 1 120~1 800 m/s。

2. 产生高压

煤尘爆炸的理论压力为 735.5 kPa。高压产生巨大冲击波(分正向冲击和反向冲击两种),冲击波速度为 2 340 m/s。

3. 形成大量有害气体

煤尘爆炸后形成大量的二氧化碳和一氧化碳,一氧化碳浓度一般为 2%~3%,个别可高达 8%,它是造成人员大量伤亡的重要原因。

◎**真实案例**

1991年4月21日16:05,山西省洪洞县三交河煤矿因工作面停风造成瓦斯积聚,工人打眼试钻产生电火花引起瓦斯爆炸,冲击波扬起全矿巷道积尘,从而造成全矿井矿尘连续爆炸。这次瓦斯煤尘爆炸事故毁坏530 m巷道,井下通风设施全部摧毁,摧毁平硐口4 m,摧垮附近房屋3.5间,致使四点班井下138人、八点班未出井的5人和四点班正准备入井的4人,共计147人全部遇难,另有地面2人重伤、4人轻伤。

155. 如何区分瓦斯爆炸和煤尘爆炸?

在一般情况下,纯粹的煤尘爆炸是相当罕见的,瓦斯爆炸产生的冲击波扬起巷道中的煤尘,使落尘变为浮尘,浮尘遇随后传播而来的火焰,使煤尘爆炸参与其中。从现象上严格区分瓦斯爆炸和煤尘爆炸是非常困难的,主要依据以下几点来加以区分。

1. 爆炸条件

分析爆炸事故发生之前爆炸地点是否存在可能爆炸的煤尘或瓦斯等条件,从而进一步确定是煤尘爆炸还是瓦斯爆炸或者瓦斯煤尘爆炸。

2. 爆炸特征

煤尘爆炸不但有连续爆炸的特点,而且还有离爆源越远破坏力越大的特征。

3. 爆炸威力

煤尘爆炸产生的热量大,爆炸压力大。据有关资料显示,距爆源200 m的巷道出口处爆炸压力可达0.5~1.0 MPa,如通路中遇到障碍物、巷道断面突然变化或拐弯,则爆炸压力更大。从一般现象上看,煤尘爆炸比瓦斯爆炸破坏更惨重。

4. 爆炸"焦巴"

煤尘爆炸时煤尘焦化黏结在支架或巷壁上形成"焦巴",它是判断煤尘是否爆炸的重要标志。

156. 如何降低煤尘含量?

煤矿井下生产过程中减少煤尘产生量和避免煤尘飞扬,是防止煤尘爆炸的根本途径。降尘措施主要有以下几个方面:

1. 煤层注水

在回采前向煤层打眼注水,通过压力水将煤体预先湿润,以减少开采时产生煤尘。

2. 湿式打眼

使用水电钻打煤眼,以湿润眼内煤尘。

3. 喷雾洒水

对井下集中产尘点进行喷雾洒水,有效地捕获浮尘和湿润落尘。

4. 通风除尘

通风可以稀释和排除作业地点浮尘,防止过量落尘。除尘的关键是控制合理的风速。

5. 净化风流

使井巷中含尘空气通过水幕等设施、设备,将矿尘捕获,减少浮尘。

6. 水封爆破

使用专用水炮泥封堵炮眼，爆破时水的汽化可以降尘。

7. 清除落尘

落尘在受到冲击、振动后会变成浮尘。及时清除巷道底板上、支架上和巷顶、巷壁上沉落的煤尘，以免为煤尘爆炸提供尘源。在清除落尘时应使用水冲刷或将落尘湿润后再扫除，切忌用笤帚干扫。

157. 什么叫煤层注水防尘？

煤层注水防尘指的是，通过密封在钻孔内的注水管将水注入钻孔内，使压力水沿煤层层理、节理、孔隙及裂隙渗入到即将开采的煤层中，增加煤体内的水分，使煤层得到预先湿润，从而降低开采时的产尘量。

《煤矿安全规程》规定，采煤工作面应采取煤层注水防尘措施，但有下列情况之一的除外：

1. 注水后影响采煤安全的煤层。
2. 注水后造成劳动条件恶化的薄煤层。
3. 原有自然水分或防灭火灌浆后水分大于 4% 的煤层。
4. 孔隙率小于 4% 的煤层。
5. 煤层很松软、破碎，打钻时易塌孔、难成孔的煤层。

158. 什么叫长孔注水方式？

长孔注水方式指的是，在采煤工作面的进风巷或回风巷，超前于工作面向煤层内打较长的钻孔进行煤层注水的方式。

这种方式钻孔长度一般为 30～100 m，即工作面长度 2/3 左右，孔间距一般为 15～20 mm，孔径一般为 45 mm（用岩石电钻打孔时）或 53～60 mm（用钻机打孔时）；封孔深度一般为 2.5～10 m；封孔方式分水泥封孔和封孔器封孔；注水压力一般为 2 450 kPa（静压注水）或 4 900～19 600 kPa（动压注水）。

159. 什么叫湿式打眼防尘？

湿式打眼防尘指的是，在采掘工作面打眼时，将具有一定压力的水通过钻具送入正在钻进的钻孔孔底，湿润并冲洗钻孔中的煤（岩）粉，使煤（岩）粉在钻孔中变成浆液流出，从而大大减少打眼作业时的产尘量。目前，我国煤矿岩巷掘井普遍推广使用了湿式打眼，降尘效果十分显著，有的资料表明，湿式打眼比干式打眼可降低 94%～98% 的产尘量，很多采煤工作面也在积极推广湿式打眼。

160. 如何使用净化风流除尘？

净化风流除尘指的是，使井巷中的含尘空气通过一定的设备或设施，将矿尘捕获而使井巷风流矿尘浓度降低的方法。

目前通常使用的是在巷道中设置净化水幕或局部通风机安装使用除尘风机。净化水幕应以整个巷道断面布满水雾为原则，并尽可能布置在离产尘点较近地点，以扩大风流净化范围。巷道中设置水幕时，应使水雾喷射方向与巷道中风流方向相反，以提高除尘效果。

161. 什么叫水封爆破防尘？

水封爆破防尘指的是，使用盛满水的专用塑料袋代替或部分代替用黏土做成的炮泥,爆破时水炮泥中的水分被雾化,可供尘粒湿润、结团而减少煤尘产生量。

爆破使用水炮泥封堵炮眼,不仅可以取得与黏土炮泥同样的作用,还能降低爆炸产物的温度和浓度,有效地预防瓦斯和煤尘爆炸。使用水炮泥除尘效果十分明显,除尘率一般为63%~80%。

162. 为什么要定期清除积尘?

在煤矿开采过程中会产生大量煤尘,即使防尘措施做得再好,也难以将煤尘全部带走,有一定量的煤尘要沉积在巷道四周、支架和设备器材上,形成积尘,这些积尘一旦受到某种外力冲击,如发生爆炸、冲击地压、爆破、人员行走或风量突然加大等就会重新飞扬起来,给煤尘爆炸提供了尘源。所以,积尘是煤尘爆炸的重大隐患,必须采取积极措施进行清除。

163. 如何对巷道进行清除积尘?

煤矿井下通常采用以下几种方法对巷道进行清除积尘:

1. 冲洗巷道

用水把沉积在巷道四周和支架上的煤尘进行冲洗,冲洗时由顶部到底部,前后两侧把煤尘全部冲洗干净,煤水顺巷道水沟流出,遗留煤尘及时运出。冲洗时要注意不要将水射入电气设备及其开关内。

2. 清扫巷道

清扫巷道时要用水浸湿笤帚,使用湿笤帚清扫时可以避免煤尘飞扬蔓延，保证作业人员身体健康和减少浮尘浓度，清扫出来的煤尘要及时运出。

3. 刷白巷道

利用石灰水刷浆或者水泥石灰水对巷道四周进行喷洒刷白，把巷道四周积尘固结起来，使其不能飞扬参与爆炸。同时，刷白的巷道容易发现积尘的情况，以便及时采取措施进行清除。

164. 采煤工作面综合防尘总体要求是什么？

采煤工作面应采取综合防尘措施，达到以下总体要求：

1. 落煤时产尘点下风侧 10～15 m 总粉尘降尘效率应大于或等于 85%。

2. 支护时产尘点下风侧 10～15 m 处总粉尘降尘效率应大于或等于 75%。

3. 放顶煤时产尘点下风侧 10～15 m 处总粉尘降尘效率应大于或等于 75%。

4. 回风巷距工作面 10～15 m 处总粉尘降尘效率应大于或等于 75%。

165. 掘进工作面综合防尘总体要求是什么？

掘进工作面应采取综合防尘措施，达到以下总体要求：

1. 高瓦斯、突出矿井的掘进机司机工作地点和机组后回风侧总粉尘降尘效率应大于或等于 85%。

2. 高瓦斯、突出矿井的呼吸性粉尘降尘效率应大于或等于 70%。

3. 低瓦斯矿井的掘进机司机工作地点和机组后回风侧总粉尘降尘效率应大于或等于90%。

4. 低瓦斯矿井呼吸性粉尘降尘效率应大于或等于75%。

166. 矿井防尘供水系统有什么规定要求?

矿井必须建立完善的防尘供水系统,且符合以下要求:

1. 永久性防尘水池容量不得小于200 m³,且储水量不得小于井下连续2 h的用水量,并设有备用水池,其容量不得小于永久性防尘水池的一半。

2. 防尘用水管路应铺设到所有能产生粉尘和沉积粉尘的地点,并且在需要用水冲洗和喷雾的巷道内,每隔100 m或50 m安设一个三通及阀门。

3. 防尘用水系统中,必须安装水质过滤装置,保证水的清洁,水中悬浮物的含量不得超过150 mg/L,粒径不大于0.3 mm,水的pH值应在6.0~9.5范围内。

167. 采掘工作面湿式钻眼供水压力和耗水量是如何规定的?

采掘工作面采用湿式钻眼时,其供水压力和耗水量应符合以下规定要求:

1. 采煤工作面钻眼应采取湿式作业,供水压力为0.2~1.0 MPa,耗水量为5~6 L/min,使排出的煤粉呈糊状。

2. 掘进工作面钻眼应采取湿式作业,供水压力以0.3 MPa左右为宜,但应低于空气压缩机动力风压0.1~0.2 MPa,耗水量以 2～3 L/min 为宜，以钻孔流出的污水呈乳状浆液为准。

168. 掘进工作面爆破时应采取哪些防尘措施？

掘进工作面爆破产生的煤尘量相当大，必须采取以下防尘措施：

1. 掘进工作面爆破前，应对工作面 30 m 范围内的巷道周边进行冲洗。

2. 掘进工作面爆破时，必须在距离工作面 10～15 m 地点安装压气喷雾器或高压喷雾降尘系统实行爆破喷雾。雾幕应覆盖全断面并在放炮后连续喷雾 5 min 以上。当采用高压喷雾降尘时，喷雾压力不得小于 8.0 MPa。

3. 掘进工作面爆破后，装煤（矸）前必须对距离工作面 30 m 范围内的巷道周围和装煤（矸）堆洒水。在装煤（矸）过程中，边装边洒水，采用铲斗装煤（矸）机时，装煤（矸）机应安装自动或人工控制水阀的喷雾系统，实行装煤（矸）喷雾。

169. 采掘工作面净化风流水幕应设在什么位置？

1. 采煤工作面应在距工作面 50 m 内回风巷设置净化风流水幕。

2. 掘进工作面在距离工作面 50 m 内应设置一道自动控制风流净化水幕。

170. 巷道冲洗煤尘的周期是如何规定的？

对煤尘沉积强度较大的巷道，可采取用水冲洗的方法。其冲

洗周期应根据煤尘的沉积强度及煤尘爆炸下限浓度确定。在一般情况下,巷道煤尘的冲洗周期必须符合以下要求:

1. 在距离尘源 30 m 范围内,煤尘沉积强度大的地点,应每班或每日冲洗 1 次。

2. 距离尘源较远或煤尘沉积强度较小的巷道,可几天或一天冲洗 1 次。

3. 运输大巷可半月或一个月冲洗 1 次。

4. 掘进工作面 20 m 范围内的巷道,每班至少冲洗 1 次;20 m 以外的巷道每旬至少应冲洗 1 次,并清除堆积浮煤。

5. 采煤工作面巷道必须定期清扫和冲洗煤尘,并清除堆积的浮煤,其周期由矿总工程师决定。

6. 必须及时清除巷道中的浮煤,清扫或冲洗沉积煤尘,每年应至少进行 1 次对主要进风大巷刷浆。

171. 为什么要在煤矿井下巷道设置隔爆棚?

隔爆棚是一种阻断、隔绝爆炸的安全设施。由于煤尘爆炸具有连续性爆炸的特点,井下某个地点发生了煤尘爆炸,产生的冲击波和火焰迅速向其他地点扩散,不仅使爆源附近遭受破坏,而且在它扩散区域里也将造成人员伤亡、矿井毁坏、财产损失;同时,由于冲击波传播速度快于火焰传播速度,冲击波先将积尘扬起,使浮尘浓度达到爆炸界限,随后高温火焰传播到此,引发再次煤尘爆炸,危害就更加严重了。在井下巷道设置隔爆棚的目的,就是当井下一旦发生煤尘爆炸,将它限制在较小的范围内,阻止其继续传播与发展,将爆炸事故的影响减小到最低程度。

《煤矿安全规程》中规定，开采有煤尘爆炸危险煤层的矿井，必须有预防和隔绝煤尘爆炸的措施。在井下巷道设置隔爆棚是隔绝煤尘爆炸的主要措施。

隔爆棚类型很多，一般可按以下情况进行分类：

1. 按隔爆棚的动作原理分类

(1) 被动式隔爆棚

被动式隔爆棚装置本身没有扩散消焰剂能力，其动作完全依于爆炸冲击波的冲击作用将棚掀翻或击碎，同时将棚中的消焰剂扩散成雾状来扑灭火焰。

(2) 自动式隔爆棚

自动式隔爆棚装置本身具有喷洒消焰剂能力，喷洒机构的动作不受爆炸冲击波强弱的制约，它能将消焰剂强行送到火焰焰面上把爆炸火焰扑灭。

2. 按隔爆棚的作用分类

(1) 主要隔爆棚

主要隔爆棚指的是，设置在矿井、采区主要巷道内阻隔矿井或采区爆炸的隔爆棚。

(2) 辅助隔爆棚

辅助隔爆棚指的是，设置在采掘工作面巷道内阻隔采掘工作面爆炸的隔爆棚。

3. 按隔爆棚消焰剂材质分类

(1) 岩粉棚

隔爆岩粉棚指的是，架设在巷道顶部的木板上堆放一定量岩粉的一种隔爆设施。当发生爆炸时，冲击波震翻岩粉棚的木板，堆放在木板上的岩粉便散落并弥漫巷道空间，形成浓厚的不燃岩粉带，吸收爆炸火焰中大量的热量，从而抑制爆炸火焰的传播，限制爆炸范围的扩大。

(2) 水棚

隔爆水棚指的是，吊挂在巷道顶部的灌满水的容器的一种隔爆设施。当发生爆炸时，冲击波震翻灌满水的容器，使水散落并充满巷道空间，形成浓厚的水雾带，吸收爆炸火焰中大量的热量，从而抑制爆炸火焰的传播，限制爆炸范围的扩大。

172. 隔爆棚应在哪些巷道中设置？

隔爆棚按照其所在巷道位置，又可分为主要隔爆棚和辅助隔爆棚。

1. 主要隔爆棚应在下列巷道设置：
(1) 矿井两翼与井筒相连通的主要大巷。
(2) 相邻采区之间的集中运输巷和回风巷。
(3) 相邻煤层之间的运输石门和回风石门。

2. 辅助隔爆棚应在下列巷道设置：
(1) 采煤工作面进、回风巷道。
(2) 采区内的煤和半煤巷掘进巷道。
(3) 采用独立通风并有煤尘爆炸危险的其他巷道。

◎**真实案例**

1999年8月24日17:00，河南省平顶山市韩庄矿务局二矿由于经营十分困难拖欠电费，市供电有限公司采取强行停电10 min，导致全矿停风，采空区内积存的大量高浓度瓦斯涌出，遇到 2504 火区明火,引起瓦斯爆炸;瓦斯爆炸冲击波荡起煤尘,继而引起巷道沉积的煤尘爆炸。据调查,事故发生时明显受到二次冲击波伤害,现场多处出现结焦物。

173. 隔爆岩粉棚和隔爆水棚各有几种类型?

目前,我国煤矿隔爆岩粉棚和隔爆水棚有以下几种类型:

1. 隔爆岩粉棚

(1) 按岩粉棚作用分

1) 重型岩粉棚

2) 轻型岩粉棚

(2) 按岩粉棚木板结构分

1) 普通型岩粉棚

2) 全幅型标准岩粉棚

2. 隔爆水棚

(1) 按盛水器具材质分类

1) 水槽棚

2) 水袋棚

(2) 按使用范围分类

1) 主要隔爆棚

2) 辅助隔爆棚

(3) 按布置方式分类

1) 集中式水棚

2) 分散式水棚

174. 如何在巷道中安装隔爆水槽（袋）?

1. 确定隔爆水棚在巷道位置，应符合以下规定要求：

(1) 水棚应设置在直线巷道内。

(2) 水棚设置巷道位置前后 20 m 范围内巷道断面应一致。

(3) 水棚设置位置与风门的距离应大于 25 m。

(4) 水棚设置位置与巷道交叉口、转弯处的距离须保持 50～75 m。

(5) 第一排集中式水棚与工作面的距离必须保持 60～200 m，第一排分散式水棚与工作面的距离必须保持 30～60 m。

(6) 在应设辅助隔爆棚的巷道，应设多组水棚，每组距离不大于 200 m。

2. 在巷道中安装隔爆水槽（袋）时，必须符合以下规定要求：

(1) 水槽（袋）之间的间隙与水槽（袋）同支架或巷道壁之间的间隙之和不大于 1.5 m，特殊情况下不超过 1.8 m，两个水槽（袋）之间的间隙不得大于 1.2 m。

(2) 水槽（袋）边与巷道、支架、构筑物之间的距离不得小于 0.1 m，水槽（袋）底部到顶梁（顶板）的距离不得大于 1.6 m，如果大于 1.6 m，则必须在该水槽（袋）上方增设 1 个水槽（袋）。

(3) 水棚距离轨道面的高度应不小于 1.8 m，水棚应保持同一高度，需要挑顶时，水棚区内的巷道断面应与其前后各 20 m 长的巷道断面一致。

(4) 当水袋采用易脱钩的安装方法时，挂钩位置要对正，每对挂钩的方向要相向布置（钩尖对钩尖），挂钩的直径为4～8 mm，挂钩角度为65°±5°，弯钩长度为25 mm。

175. 隔爆水棚中的水如何进行检查处理？

隔爆水棚每半个月检查1次。

要经常保持隔爆水棚水槽（袋）的完好和规定的水质、水量，当发生问题时，必须根据情况进行处理：

（1）如果水槽（袋）破损，出现漏水现象，应立即更换水槽（袋）。

（2）如果水槽（袋）中的水量不足，应立即补充。

（3）如果水槽（袋）水中混有煤（矸）碎块或木屑等杂物，应加以清除。

176. 采用定型水槽（袋）时，如何确定隔爆水棚区内水槽（袋）所需个数？

塑料水槽主要规格有40 L和80 L两种，水袋有40 L、60 L和80 L三种，在设计隔爆水棚时可以直接采用。这时可以按下式计算所需水槽（袋）个数。

$$n = \frac{Sg}{V}$$

式中　n——隔爆水棚所需水槽（袋）个数，个；

　　　S——巷道断面积，m^2；

　　　g——单位巷道断面所需水量，L/m^2。按主要水棚400 L/m^2，辅助水棚200 L/m^2计算；

V——每个水槽（袋）标准容水量，L/个。

如果选用非定型水槽（袋）时，

$$V = (B_1 + B_2)HL \div 2 \times 1\,000 (L/\text{个})$$

式中　B_1——水槽（袋）净上宽，m；

　　　B_2——水槽（袋）净下宽，m；

　　　H——水槽（袋）平均盛水高度，m；

　　　L——水槽（袋）平均净长度，m。

177. 煤矿尘肺病分哪几种？

矿工长期过量地吸入细微粉尘而引起的以肺组织纤维化为主要症状的职业病叫做尘肺病。尘肺病按致病粉尘岩性可分为以下三种：

1. 矽肺病

长期过量地吸入含结晶型游离二氧化硅的岩尘可引起矽肺病。

矿工在高浓度的岩尘空气中工作，如果防护不好，一般平均5～10年就会得矽肺病，有的短至2～3年就会得病。

2. 煤肺病

长期过量地吸入煤尘所引起的尘肺病叫做煤肺病。

煤肺病比矽肺病缓和些，且得病的年限较长，但最终也能使矿工丧失劳动能力。在高浓度的煤尘空气中工作，如果防护不好，一般10～15年可得煤肺病。

3. 煤矽肺病

长期过量地接触煤尘又接触矽尘的矿工，可能得煤矽肺病。

煤矽肺病的病情比煤肺病严重得多，兼有煤肺病和矽肺病的特点。

178. 煤矿企业接尘工人查体时间间隔是怎样规定的？

至 2008 年底不完全统计，全国职业病总人数累计达 73 万例，其中累计尘肺 64 万例，占 87.67%。2008 年新发病例 13 744 例，其中尘肺 10 828 例，占 78.8%，尘肺病例中煤炭占 39.8%，有色金属占 13.05%，建筑业占 6.9%。所以，加强对煤矿企业接尘工人的查体是非常必要的。

1. 煤矿企业必须对接尘工人进行查体

《煤矿安全规程》中规定，煤矿企业接尘工人职业健康检查查体时间间隔因工种不同而不同，并必须符合下列要求：

(1) 岩石掘进工种在岗接尘工人每 2~3 年拍片检查 1 次。

(2) 纯采煤工种在岗接尘工人每 4~5 年拍片检查 1 次。

(3) 混合工种在岗接尘工人每 3~4 年拍片检查 1 次。

(4) 对离岗接尘工人必须进行离岗前的职业健康检查。

2. 煤矿企业必须对尘肺病患者进行复查

《煤矿安全规程》中规定，复查周期因尘肺病期别和接尘作业工种的不同而不同，并必须符合下列要求：

(1) Ⅰ期尘肺患者每年复查 1 次。

(2) 岩石掘进工种疑似尘肺患者（O^+）每年拍片复查 1 次。

(3) 纯采煤工种疑似尘肺患者（O^+）每 3 年拍片复查 1 次。

(4) 混合工种疑似尘肺患者（O^+）每 2 年拍片复查 1 次。

179. 防尘口罩有哪几种?

采掘工作面作业的矿工实行个体防护是煤矿综合防尘不可缺少的环节,个体防护的主要措施就是佩戴防尘口罩。

防尘口罩有以下三种类型:

1. 自吸式口罩

自吸式口罩靠人体肺部吸气使空气通过口罩中的滤料,将粉尘过滤后吸入肺部。

2. 动力式口罩

动力式口罩借助微型风机使空气通过滤料净化后送到口罩内或头盔的面罩内供呼吸用。

3. 压风呼吸器

压风呼吸器使井下风管中的压缩空气经过滤、消毒、减压后通过导管送入口罩内供呼吸用。

第七章 井下防灭火知识

180. 矿井火灾有哪些特点?

煤矿井下火灾比地面火灾危害更大。除了与地面火灾一样烧伤人员、烧毁设备和煤炭资源以外,还具有以下特点:

1. 由于煤矿井下空间有限,发生火灾时井下人员难以躲避,机械设备难以搬移,煤炭资源固定不动,因而造成的人员伤亡和国家财产、资源损失较一般地面火灾更为严重。

2. 由于煤矿井下巷道空气有限,发生火灾时往往因缺氧产生二氧化碳和一氧化碳。这些有害气体很难冲淡和排除,蔓延时间长,波及范围大,受害面广。在火灾造成的高温气流所经过的巷道中,会使人员中毒死亡。

3. 井下火灾特别是内因火灾,很难及早发现,也不易找到火源准确地点，有时发火点还难于接近。灭火救灾困难，火灾延续时间长，有的延续几个月甚至若干年，难以扑灭。

4. 井下发生的火灾，还可能成为引发瓦斯和煤尘爆炸的火源，一旦引起瓦斯、煤尘爆炸事故，其后果更加惨重。用水灭火时还可能引发水煤气爆炸，使矿井灾害增大。

5. 发生在井下倾斜巷道的火灾，还可能产生局部火风压造成风流逆转，使火焰和高温烟雾出现在发火点的进风侧或一些旁侧风流中，使灾情扩大，给救灾工作造成困难和危险。

6. 矿井火灾会烧毁矿井通风设施，使矿井通风系统紊乱，造成瓦斯积聚超限；火灾还会烧毁电气设备和电缆，造成提升、通风和排水中断，影响矿井安全生产和工人生命安全。

7. 矿井火灾有时需要封闭火区处理，将会冻结煤炭的可采储量，严重影响矿井、采区的正常生产秩序。恢复生产时，需要启封火区，启封火区非常困难且危险性相当大。

◎真实案例

1990年5月8日11:35，黑龙江省鸡西矿务局小恒山煤矿在井下安装带式输送机，用气割切割钢板时，飞溅火花引燃作业点附近残留的胶沫、胶条，由于灭火措施不利，导致胶带着火。井下工人无自救器，致使灾情扩大，人员伤亡惨重。总工程师和机电副总工程师带领9名救护人员入井探险，没有认真执行《救护条例》，因井下火风压反风造成3名队员和两位领导遇难。这起特大火灾事故共造成80人死亡。

181. 矿井火灾分为哪几类？

矿井火灾是指发生在矿井井下各处的火灾以及发生在井口附

近的地面火灾。矿井火灾是煤矿五大自然灾害之一，对煤矿安全生产威胁极大。

1. 外因火灾

它是指由于外来热源引起的火灾。如：

(1) 明火：吸烟、使用电炉或大功率灯泡及电焊、气焊等。

(2) 违章爆破：使用明火和动力电线爆破、炮泥装填不足或炸药变质。

(3) 机械摩擦或撞击：带式输送机托辊过热、采掘机械截割夹石及顶板等。

(4) 电气设备失爆、电路短路及漏电。

(5) 瓦斯、煤尘爆炸。

◎ **真实案例**

1961 年 3 月 16 日 16:58，辽宁省抚顺胜利煤矿因矿井西部 -280 m 水平水泵房高压配电室二号电容器爆炸，发生火灾事故。可燃物猛烈燃烧产生大量烟流、杂物和有害气体窜入采区，致使采区内作业人员被熏倒、窒息和一氧化碳中毒，共计死亡 110 人，重伤 6 人，轻伤 25 人。事故中烧毁电缆 1 万米，机电设备 170 台件，火药 3 t，雷管 10 万发，封闭采煤工作面 420 m，绞车道 2 条，回风道 2 条。

2. 内因火灾

是指煤由于自身发生物理化学变化而自燃引起的火灾。内因火灾主要发生在采空区。

◎ **真实案例**

1975 年 4 月 27 日 2:00，湖北省马鞍山矿竖井在 -90 m 开凿与老火区贯通的煤巷立眼时，没有制定启封火区安全技术措施，煤层自然发火，引起老火区塌落，在立井出现煤油味进而冒烟的情况下，为了降温，错误地开动了主要通风机，使矿井风量骤增，助长了火势。后又在没有撤人的情况下盲目停止主要通风机，使井下风量骤减，风流紊乱，造成一氧化碳中毒死亡35人、轻伤12人的恶劣后果，同时报废巷道350 m，投产时间推迟10个月，经济损失近百万元。

182. 煤炭自燃有哪几个发展阶段？

煤炭自燃的发生，一般要经过以下三个发展阶段：

1. 低温度氧化阶段（潜伏期）

煤在常温下能吸附空气中的氧，在煤的表面生成一些不稳定的初级氧化物，其氧化放热量很少，煤的温度不会升高，但内部却在发生质的变化，在煤的潜伏期内表现出煤的质量略有增加，化学活性增强，着火温度降低。

2. 自热阶段（自热期）

经过低温氧化阶段，煤被活化，煤的氧化速度加快，氧化放热量增大，煤温逐渐升高，此阶段叫做自热阶段。在煤的自热期内空气中的氧含量减少，一氧化碳和二氧化碳含量增加，当达到临界值温度（60~80℃）时，开始出现特殊的火灾气味，如煤油味、焦油味等。

3. 自燃阶段（自燃期）

燃烧阶段是煤从低温氧化发展到自燃的最后阶段。在煤的自燃期内，空气中的氧含量显著减少，二氧化碳含量剧增，并产生更多的二氧化碳，在巷道内出现浓烈烟雾，有时还出现明火现象。

183. 什么叫煤的自然发火期？

煤层被开采暴露于空气之日开始，到发生自然发火之日止，所经历的时间叫做煤层自然发火期，单位为月。

矿井有多处自然发火或多个煤层自然发火时，以发火时间最短者定为矿井或煤层的自然发火期。

煤的自然发火期是评价煤层自然发火危险性的统计指标。自然发火期短，说明该煤层自然发火危险性大，相反，自然发火期长，说明该煤层自然发火危险性小。

采掘工作面自然发火期按以下规定进行统计：

1. 采煤工作面

采煤工作面自然发火期指的是，从工作面开切眼之日起到发生自然发火之日止所经过的月数。

2. 掘进工作面

掘进工作面自然发火期指的是，从巷道揭露煤层之日起到发生自然发火之日止所经过的月数。

3. 采空区

采空区自然发火期指的是，从开采工作面火源位置接触空气之日起到发生自然发火之日止所经过的月数。

延长自然发火期的开采技术措施。煤层的自然发火期受到煤的自燃倾向性、破碎程度与堆积状态、供氧条件和周围环境等多种因素的影响。而这些因素中有的可以改变，通常采取尽量少留煤柱，减少采空区遗煤，使用阻化剂喷洒以减小煤的氧化速度；加大通风强度，扩大散热量，提高煤中水分含量，以降低煤的升温速度，从而达到延长煤的自然发火期的目的。

184. 如何确定自然发火和矿井火灾事故？

1. 自然发火

凡井下出现以下情形之一的，即确定为自然发火。

（1）由于煤炭氧化自燃而出现明火、烟雾和煤油味等现象。

（2）由于煤炭氧化自燃而导致环境空气、煤炭、围岩及其他介质的温度升高，并超过70℃。

（3）由于煤炭氧化自燃在采空区或风流中出现CO，其浓度已超过自然发火临界指标，并呈上升趋势。

（4）采空区、高冒顶或巷道中出现乙烯（C_2H_4）、乙炔（C_2H_2）。

2. 矿井火灾事故

凡因矿井火灾（包括外因火灾和内因火灾）而导致以下情形之一的，即确定为火灾事故。

（1）造成人员伤亡。

（2）造成直接损失。

1) 工作面停产8h以上。

2) 烧毁煤岩、设备或材料折合价值1万元及其以上。

（3）造成间接损失。

1) 封闭1个工作面。

2) 冻结煤量1万吨以上。

3) 封闭设备、设施和材料折合价值1万元及其以上。

◎**真实案例**

2009年10月9日23:15,辽宁省阜新市海州区中兴煤矿有限公司(乡镇煤矿)东部井一区西翼运煤下山发生火灾事故,导致6人死亡,7人下落不明。

185. 如何确定自然发火隐患?

凡井下出现以下现象之一时,即确定为自然发火隐患。

1. 采空区或井巷风流中出现一氧化碳,其发生量呈上升趋势,但未达到自然发火临界指标。

2. 风流中出现CO_2,其发生量呈上升趋势,但尚未达到自然发火临界指标。

3. 煤炭、围岩、空气及水的温度升高,并超过正常温度,但尚未达到70℃。

4. 风流中氧气浓度降低,且呈下降趋势。

186. 火风压有什么危害?火风压的大小如何计算?

火风压指的是,当井下发生火灾时,高温烟流经过有高差的井巷时产生的附加风压。

1. 火风压的危害

火风压的危害主要有以下几个方面:

(1) 可能使矿井原有通风系统遭到破坏。

(2) 可以使矿井风量增加或减小。

(3) 可能使局部区域风流逆转。

(4) 可能造成人员伤亡。

(5) 增加灭火的难度。

2. 火风压的大小

火风压的大小可由下列两种方法计算：

(1) 用巷道高差计算

$$h_{火} = Z(r_0 - r)$$

式中　$h_{火}$——火风压值，Pa；

　　　Z——高温烟流经过的巷道始末两点的高差，m；

　　　r_0——火灾前巷道内的平均空气重率，kg/m³；

　　　r——火灾后巷道内的平均空气重率，kg/m³。

(2) 用巷道温差计算

$$h_{火} = 1.22 t/T$$

式中　$h_{火}$——火风压值，Pa；

　　　t——火灾前后巷道温度的增值，℃；

　　　T——火灾后巷道内的平均绝对温度，℃。

187. 煤的自燃倾向性划分为哪几级？

煤的自燃倾向性是用来区分和衡量不同煤层发火危险程度的一项重要指标，也是对矿井煤层自然发火采取不同的针对性措施进行有效管理的主要依据。

目前，我国煤矿采取以每克干煤在常温（30℃）、常压（1.0133×10^5 Pa）条件下的吸氧量作为煤的自燃倾向性分级主要指标，将煤的自燃倾向性划分为以下三级：

1. 自燃等级 I 级

自燃倾向性为容易自燃。常温常压条件下，高硫煤、无烟煤的吸氧量≥ 1.00 cm^3/g与g同属分母，褐煤、烟煤类≥ 0.71 cm^3/g与g同属分母。含硫$>2.00\%$。

2. 自燃等级Ⅱ级

自燃倾向性为自燃。常温常压条件下，高硫煤、无烟煤的吸氧量为$0.81\sim 1.00$ cm^3/g与g同属分母，褐煤、烟煤类为$0.41\sim 0.70$ cm^3/g与g同属分母。含硫$\geq 2.00\%$。

3. 自燃等级Ⅲ级

自燃倾向性为不易自燃。常温常压条件下，高硫煤、无烟煤的吸氧量≤ 0.80 cm^3/g与g同属分母，褐煤、烟煤类≤ 0.40 cm^3/g与g同属分母。含硫$<2.00\%$。

煤的自燃倾向性鉴定单位必须是国家授权单位。鉴定结果报省（自治区、直辖市）负责煤炭行业管理部门备案。

188. 有哪些情形时认定为"自然发火严重，未采取有效措施"？

自然发火危险矿井几乎在所有矿区都存在，因自燃破坏的煤炭资源，每年造成的经济损失达数十亿元。仅1999年全国共有87个大中型矿井因自然发火封闭火区315处，不但造成了严重的煤炭资源浪费，打乱了正常的生产衔接计划，还威胁着井下作业人员的人身安全。

但是，煤自然发火与外因火灾相比，具有发展缓慢并有规律的演变过程，既可以采取有效措施及时发现它的存在，又可以采取有效措施及时中断它的形成和防止它的扩大。所以，自然发火严重必须采取有效措施。

根据国家安全生产监督管理总局、国家煤矿安全监察局制定的《煤矿重大安全生产隐患认定办法(试行)》,有下列情形之一的,都认定为"自然发火严重,未采取有效措施"。

1. 开采容易自燃和自燃的煤层时,未编制防止自然发火设计或未按设计组织生产的。

2. 高瓦斯矿井采用放顶煤采煤法,采取措施后仍不能有效防治煤层自然发火的。

3. 开采容易自燃和自燃煤层的矿井,未选定自然发火观测站或者观测点位置并建立监测系统,未建立自然发火预测预报制度,未按规定采取预防性灌浆或者全部充填、注惰性气体等措施的。

4. 有自然发火征兆没有采取相应的安全防范措施并继续生产的。

5. 开采容易自燃煤层未设置采区专用回风巷的。

189. 井下哪些地点经常发生内因火灾?

煤矿井下经常发生内因火灾主要有以下地点:

1. 采空区,特别是有大量遗煤而又未及时封闭或封闭不严的。

2. 巷道两侧受地压破坏的煤块。

3. 巷道中长期堆积的浮煤。

4. 巷道发生冒顶后的高冒空洞中。

5. 与老窑相连通处。

190. 放顶煤开采容易自燃和自燃的厚及特厚煤层为什么容易自然发火？

采用放顶煤采煤法开采厚及特厚煤层时，主要受以下因素影响，容易发生自然发火。

1. 由于回采率较低，采空区内遗煤较多，为自然发火提供了大量的可燃性碎煤。

2. 由于放顶煤开采造成工作面顶板活动加剧，顶板冒落带高度增大，采空区往往不能及时冒落严密，为采空区漏风提供了条件。

3. 放顶煤开采比其他采煤方法推进速度慢，不能使采空区氧化自燃带很快甩入窒息带；同时，放顶煤开采采空区空间大，区内空气流动较慢，为采空区氧化自燃提供了良好的蓄热环境。

所以，《煤矿安全规程》中规定，采用放顶煤采煤法开采容易自燃和自燃的厚及特厚煤层时，必须编制防止采空区自然发火的设计。

191. 预防性防火灌浆有哪几种方法？

预防性防火灌浆指的是，将水和浆按适当配比，制成一定浓度的浆液，借助输浆管路送往可能发生自然发火的采空区，以防止自燃火灾的发生。

预防性防火灌浆由于具有隔氧（浆液充填于浮煤缝隙形成隔绝空气的包裹体）和散热（浆液降低浮煤的温度，抑制浮煤自热氧化）作用，所以防火效果较好。

预防性防火灌浆主要有以下三种方法：

1. 采前灌浆

采前灌浆指的是，采煤工作面开采以前向老窑采空区灌浆，消灭老窑和采空区原存火区、降温除尘、排除有毒有害气体和黏结浮煤等。防止开采时发生自然发火。它主要适用于开采易燃、特厚煤层和老空区过多的矿井中。

2. 随采随灌浆

随采随灌浆指的是，利用埋设的管路随着采煤工作面的推进，同时向采空区灌浆。一是防止采空区遗煤自燃；二是胶结冒落的矸石形成再生顶板，为下分层开采创造条件。它主要适用于自然发火期较短的厚煤层。

3. 采后灌浆

采后灌浆指的是，采区、采区的一翼或工作面全部回采结束后，将整个采空区封闭灌浆。它主要适用于自然发火不是十分严重的发火期较长的煤层。

192. 为什么井下严禁使用灯泡取暖和使用电炉？

白炽灯泡不具备防爆性能，不允许在井下使用。同时白炽灯泡受电压变化的影响很容易损坏，在损坏瞬间产生的短路火花所放出的热量，完全可以引燃可燃物导致火灾事故，甚至引发瓦斯煤尘爆炸。

电炉不仅不防爆，而且还是一种明火源，稍有不慎可能点燃附近的可燃物而引起火灾。一旦发生瓦斯喷出和煤（岩）与瓦斯突出、采空区顶板大面积垮落、冲击地压等现象时，大量高浓度瓦斯涌出，可能引起瓦斯爆炸事故。

所以，《煤矿安全规程》中对井下严禁使用矿灯取暖和使用电炉进行了明确的规定。

193. 井下使用的油类应如何加强防火管理?

井下使用的汽油、煤油和变压器油都是极易燃烧的物质，是井下预防外因火灾的重点对象。一旦发生火灾，还不能用水进行直接灭火，因此，容易造成重大火灾事故。加强对井下油类防火管理主要采取以下措施。

1. 汽油、煤油和变压器油在运输和使用时，必须装入盖严的铁桶内。

2. 汽油、煤油和变压器油在井上、下运输时，必须由专人押送到指定地点。

3. 汽油、煤油和变压器油必须坚持"用时运来，用后运走"的规定，剩下的必须当班运回地面，严禁在井下存放。

◎**真实案例**

1993年8月9日8:30，贵州省遵义市某煤矿在进风斜井井底车场变电所内，因变压器低压输出电缆爆炸，火花引燃了变压器的漏油，造成变电所木棚和斜井木棚着火，当班在回风侧作业的27人中有2人快速撤出脱险，其他25人全部遇难。

火灾发生后，该矿错误地停止了矿井主要通风机，由于火风压造成风流逆转，使从进风斜井进入灾区灭火的23人也无一幸免，其中包括消防队员、救护人员、矿总工程师和安全科长等。

194. 在井下进行焊接和切割时应采取哪些安全措施？

井下和井口房内不得从事电焊、气焊和喷灯焊接等工作。如果必须在井下主要硐室、主要进风井巷和井口房内进行焊接和切割时，每次必须制定安全措施，这些安全措施包括以下内容：

1. 指定专人在现场检查和监督。

2. 电焊、气焊和喷灯焊接等工作地点附近 10 m 范围内，应是不燃性材料建筑，并应有供水管路，设专人负责喷水。同时每个地点至少备有 2 个灭火器。

3. 在井口房、井筒和倾斜巷道内进行焊接和切割时，必须在下方使用铁板挡住溅落的火星。

4. 在焊接和切割作业现场风流中瓦斯浓度不得超过 0.5%，对突出危险区域内停止作业。

5. 在焊接和切割作业完毕后，作业现场应再次喷水，并设专人现场监护 1 h，确无异常后才能撤离现场。

◎ **真实案例**

1999 年 2 月 11 日 19:45，河北省唐山市双桥一井因气割暗井井窝煤仓放煤漏斗，点燃漏斗背面可燃物，造成了 11 人死亡，而且由于井下火势太大，无法扑灭，不得不采取隔离、封闭了矿井。

195. 人体如何感觉煤炭自燃？

人体感觉煤炭自燃的方法有以下几个方面：

1. 视力感觉

煤炭从氧化到自燃初期生成水分,往往使巷道内温度增加,出现雾气或在巷壁挂有平行水珠;浅部开采时,冬季在地面钻孔中或塌陷区内发现冒出水蒸气或冰雪融化的现象;井下两股温度不同的风流汇合处还可能出现雾气。

2. 气味感觉

煤炭从自热到自燃过程中,氧化产物内有多种碳氢化合物,并产生煤油味、汽油味、松节油味或焦油味等气味。现场经验证明,当人们嗅到焦油味时,煤炭自燃就已经发展到一定程度了。

3. 温度感觉

煤炭从氧化到自燃过程中要放出热量,因此,从该处流出的水和逸散的空气温度要比平常高,煤壁温度也比其他地点煤壁温度高。

4. 疲劳感觉

煤炭氧化、自热和自燃都会释放出二氧化碳和一氧化碳等气体,这些有害气体会使人感到头痛、闷热、精神不振、不舒服,产生疲劳感觉,特别是群体发生以上感觉时更说明煤炭已经发生自燃。

196. 当井下发现火灾时应注意哪些安全事项?

当井下发现火灾时,应注意以下安全事项:

1. 任何人发现井下火灾时,都应根据火灾性质、灾区通风和瓦斯情况,立即采取一切可能的方法进行直接灭火,以控制火势。

2. 迅速报告矿调度室。

3. 矿调度室或现场区队、班组长应根据《矿井灾害预防和处理计划》中的有关规定,将所有可能受火灾威胁地区的人员撤离,并组织人员进行灭火救援。

4. 当电气设备着火时,应首先切断其电源,在切断电源前,只准使用不导电的灭火器材进行灭火。

5. 在抢救人员和灭火过程中,必须指定专人检查通风、瓦斯情况,并制定防止爆炸和人员中毒的安全技术措施。

197. 为什么发现火灾必须立即直接灭火?

矿井火灾在发生初期,一般火势不大,在火势尚未蔓延扩展之前,燃烧产生的热量也不大,周围介质和空气温度也不高,人员可以接近火源,采取有效措施进行直接灭火,火势容易被控制住,火灾通常容易被扑灭。如果发现火灾后,人员见火逃跑,贻误灭火良机,一旦火势蔓延扩展开来,再灭火就困难了,甚至酿成重大火灾事故,造成的损失和伤害将是惨重的。所以,《煤矿安全规程》中规定,任何人发现井下火灾时,应立即采取一切可能的方法直接灭火,以控制火势。

198. 用水直接灭火有哪些安全注意事项?

用水直接灭火由于具有操作方便、灭火迅速、彻底、经济实用等优点,在井下火灾灭火时被广泛采用。

用水直接灭火时应注意以下安全事项:

1. 应先从火源外围逐渐向火源中心喷射水流,以免产生大量水蒸气和灼热的煤渣飞溅,伤害灭火人员。

2. 应有足够水量,防止在高温作用下分解成氢气和产生一氧化碳,形成爆炸性混合气体。

3. 应保持正常通风,以使高温烟雾和水蒸气直接导入回风流中。

4. 用水扑灭电气设备火灾时,应首先切断电源。

5. 因为水的密度比油大,故不宜用水扑灭油类火灾。

6. 要经常检查火区附近的瓦斯浓度。

7. 灭火人员只准站在进风侧,不准站在回风侧,以防高温烟流灼伤人体和人员中毒、窒息。

199. 什么是干粉、泡沫直接灭火法?

1. 干粉直接灭火指的是,将干粉喷射到火焰表面,在高温作用下,干粉发生一连串的吸热分解作用,将火扑灭。干粉直接灭火对初始的外因火灾有良好的灭火效果,使用起来也十分方便。

2. 泡沫直接灭火指的是,将泡沫喷射到火源处,泡沫覆盖燃烧物体隔绝空气,阻断继续燃烧所需氧气进入,同时,水蒸气还能起到降温、冲淡氧气浓度的作用,达到抑制燃烧、熄灭火源的目的。泡沫直接灭火由于具有灭火速度快、效果好、可以远距离操作等特点,从而保证了灭火人员的安全,灭火后恢复、清理现场工作比较简单,而且成本低,耗水量小,无毒无腐蚀,因此,应用范围比较广泛。

200. 如何采用沙子或岩粉直接灭火?

采用沙子或岩粉等不燃性物质直接掩盖火源,将燃烧物和空气隔绝，使火熄灭。另外，沙子和岩粉不导电，并能吸收液体物质，因此，可用来扑灭油类或电气火灾。它只能用来扑灭初始火灾和人员能到达地点的火灾。在采用沙子或岩粉直接灭火时，注意别将煤、木料等可燃物质混入沙子或岩粉中。

201. 火区熄灭的条件是什么？

火区同时具有下列条件时，方可认为火已熄灭：

1. 火区内的空气温度下降到 30℃ 以下，或与灾前该区日常温度相同。

2. 火区内空气中的氧气浓度下降到 5% 以下。

3. 火区内空气中不含有乙烯、乙炔，一氧化碳浓度在封闭期间内逐渐下降，并稳定在 0.001% 以下。

4. 火区流出水的温度在 25℃ 以下，或与灾前该区的日常出水温度相同。

5. 上述 4 项指标持续稳定时间不得少于一个月。

202. 火区的启封应注意哪些安全事项？

火区的启封，根据《煤矿安全规程》规定，应做到：

1. 启封已熄灭的火区前，必须制定安全措施。

2. 启封火区时，应逐段恢复通风，同时测定回风流中有无一氧化碳。发现复燃征兆时，必须立即停止向火区送风，并重新封闭火区。

3. 启封火区和恢复火区初期通风等工作，必须由矿山救护队负责进行，火区回风流所经过巷道中的人员必须全部撤出。

4. 在启封火区工作完成后的 3 天内，每班必须由矿山救护队检查通风工作，并测定水温、空气温度和空气成分。只有在确认火区完全熄灭、通风等情况良好后，方可进行生产工作。

203. 发生火灾时的自救互救方法是什么？

在煤矿井下发生火灾时，现场作业人员应采取以下方法进行自救互救：

1. 积极灭火

在井下发现烟雾或明火以后，应立即组织人员使用灭火器、水和砂土等进行扑灭。火灾灾情严重时通知附近作业人员迅速撤离现场，并就近用电话向矿调度室报告。

2. 迅速撤离

如果不能直接灭火或采取直接灭火无效，现场人员应迅速撤离灾区，任何情况下不可盲目行动。位于火源进风侧的人员，应迎着新鲜风流撤退；位于火源回风侧的人员或是在撤退途中遇到烟气有中毒危险时，应迅速佩戴好自救器，尽快通过捷径绕到新鲜风流中；或在烟气没有到达之前，顺着风流尽快从回风出口撤到安全地点；如果距火源较近而且越过火源没有危险时，也可当机立断穿越火区撤到火源的进风侧。

3. 烟雾巷道撤退注意事项

在有烟雾的巷道里撤退时，应尽量躬着腰、低着头前进。如烟雾大、视线不清或温度高时，则应尽量贴着巷道底板和两帮，摸着铁道或管道、棚腿等爬行撤退。在高温浓烟的巷道里撤退时，还应注意利用巷道中的水浸湿毛巾、衣服或向身上浇水等方法进行降温，或利用随身物件遮挡头、面部，以防高温烟气的刺激等。在倾斜巷道撤退时，还要随时注意观察巷道和风流的变化情况，以防火风压使风流发生逆转造成伤害。

4. 遇有爆炸征兆时

当发现有发生爆炸的征兆时，应立即避开正面巷道，进入躲避硐室内，迅速佩戴自救器。如果情况紧急，应背向爆源，靠巷道一帮俯卧在地向外爬行。倘若巷道侧有水沟，应立即滚入水中，屏住呼吸将头面浸入水中。

◎**真实案例**

1997年4月14日，辽宁省抚顺老虎台煤矿在处理－480 m水平507采区5道斜管子道高顶浮煤自然发火时，从9:30开始灭火到10:50发生第一次瓦斯爆炸，整个采区人员没有撤出，至19:07连续发生4次瓦斯爆炸，造成83人死亡。

第八章 煤矿水灾防治知识

204. 矿井水灾有哪些危害?

1. 矿井水的危害

(1) 矿井水造成巷道积水,顶板淋水加剧引起顶板破碎冒落,煤壁淋水引起煤壁片帮,井下空气湿度加大,给工人劳动条件带来一定影响。

(2) 矿井水对各种金属制品产生腐蚀作用,缩短其使用周期,增加矿井煤炭成本。

(3) 矿井水要排出地面,水量越大,费用越高,增加矿井管理难度和生产建设投资。

2. 矿井透水的危害

(1) 透水时造成巷道被淹、矿井停产,严重时还会造成人员伤亡,甚至毁坏整个矿井。

(2) 矿井老窑透水时,积聚在其内的瓦斯和硫化氢等有害气体会释放出来。涌出的瓦斯若达到爆炸浓度,遇火源就会爆炸,有害气体可能使人中毒、窒息、死亡。

(3) 为了预防矿井发生透水事故,必须留设安全防水煤柱,造成矿井回采率降低,严重地影响了煤炭资源的开采利用。

◎真实案例

2005年8月7日13:13,广东省兴宁市大径里煤炭有限公司大兴煤矿发生一起特别重大透水事故,造成121人死亡,直接经济损失4 725万元。

大兴煤矿"8·7"透水事故的原因是:1991年11月因小煤窑开采破坏,当年降水量大,矿井排水能力不足,矿井采区被淹,井下巷道大量积水,为此,该井田范围内六对矿井共在-180 m水平以上各水平构筑了29道堵水闸墙,积水从+262 m平硐流出,造成-180 m~+262 m采空区积水,据专家估算,积水区体积1 500万~2 000万 m^3。

2000年5月大兴煤矿从-180 m水平至-290 m水平留设垂高110 m防隔水煤柱,延深开采积水区下深部煤炭资源。

大兴煤矿井下采掘布置混乱,严重超能力、超强度、超定员组织生产。该矿为了多出煤,在井下布置有34个采煤工作面和12个掘进工作面,大量人员在井下作业;设计能力3万吨/年,但2004年生产原煤超过15万吨,2005年1月到7月出煤8.6万吨。矿井超强度开采,再加上平均煤层倾角75°左右,造成煤层连续抽冒,破坏了原设计的防隔水煤柱,导致积水区大量积水下涌，仅 50 min 矿井水位从矿井最深部（-480 m）上升了 725 m，离主井口斜长 80 m（+245 m 水平），迅速淹没了矿井。

205. 矿井透水预兆是什么？

井下发生透水事故前，一定都会出现某些预兆。《煤矿安全规程》中规定，发现透水预兆时，必须停止作业，采取措施，立即报告矿调度室，发出警报，撤出所有受水害威胁地点的人员。

矿井透水主要预兆是：

1. 煤壁"挂红"

矿井水中含有铁的氧化物，渗透到煤壁呈暗红色水锈。

2. 煤壁"挂汗"

采掘工作面接近积水区时，水由于压力渗透到煤壁形成水珠，特别是新鲜切面潮湿非常明显。

3. 空气变冷

采掘工作面接近积水区时，气温骤然降低，煤壁发凉，人有阴凉的感觉。

4. 出现雾气

当巷道内气温较高，积水渗透到煤壁后，由于蒸发形成雾气。

5. "嘶嘶"水叫

井下高压积水向煤（岩）裂隙强烈挤压时与周围煤（岩）壁摩擦而发出"嘶嘶"水叫声，在煤巷掘进时听到此声，说明即将突水。

6. 顶水加大

由于顶板上方水体压力的作用，使顶板出现裂隙，淋水越来越大。

7. 出现臭味

矿井老窑积水中含有硫化氢等气体，采掘工作面接近老窑积水时，会产生臭鸡蛋味。

8. 底板鼓起

底板受承压水（或积水区水）的作用，会出现底板鼓起。有时在底板上产生裂隙出现渗水，甚至出现压力水喷射出来。

9. 水色发浑

断层水和冲击层水常含有泥沙，涌水时水混浊，多为黄色。

10. 片帮冒顶

顶板和两帮由于受承压含水层（或积水区）的作用，常出现顶板来压、掉渣、冒顶和片帮等现象。

206. 矿井有哪几种水源？

矿井主要有以下两种水源：

1. 地表水源

地表水源主要有降雨和下雪，以及地表上的江河、湖泊、沼泽、水库和洼地积水等。它们在一定条件下都可能通过各种通道进入矿井形成水害，同时还可能成为地下水的补给水源。

2. 地下水源

（1）老窑水

废弃的小煤窑、旧井巷和采空区的积水叫老窑水。老窑水一般静压大，积水多时，常带出大量有害气体，危害性很大。

(2) 含水层水

煤系地层中的流沙层、砂岩层、砾岩层等,有丰富的裂隙可以积存水。

(3) 断层水

断层面上往往形成松散的破碎带,具有裂隙和孔洞,里面常有积水。

(4) 岩溶陷落柱水

石灰岩层长期受地下水侵蚀而形成溶洞,由于重力作用和地壳运动,上部的煤(岩)失去平衡而垮落,使煤系地层形成陷落柱,柱内充填物中常积存大量水。

(5) 钻孔水

在煤田地质勘探时打的钻孔,如果封闭不良,孔内常有水积存。

◎真实案例

1984年6月2日10:20,河北省开滦范各庄矿2171综采工作面发生了一起世界采矿史上罕见的透水灾害,奥陶系岩溶强含水层的高压承压水经导水陷落柱溃入矿井,高峰期11 h平均突水量2 053 m^3/min,历时21 h便淹没了一座年产310万吨、开采近20年的大型机械化矿井。

6月6日15:30涌水突破范各庄矿和吕家坨矿边界,进入吕家坨矿,6月10日5:55吕家坨矿被淹,一座年产200万吨原煤的大型矿井全矿停产。

6月25日16:00林西矿八水平出现渗水,7月21日被迫停产抢险。此时,与林西矿相邻的赵各庄矿和唐家庄矿也面临地下水的严重威胁，处于部分停产状态。

范各庄矿透水后，奥灰水位大幅度下降，使周围 20 万居民供水中断；地面相继出现 17 个直径 3～23.5 m、深 3～12 m 的塌陷坑，部分房屋轻微下沉，房瓦松动，墙壁出现裂缝。

207. 煤矿防治水的十六字原则是什么？

煤矿防治水十六字原则指的是：预测预报、有疑必探、先探后掘、先治后采。它们的含义是：

"预测预报"指的是查清矿井水文地质条件，对水害做出分析判断，在矿井透水以前发出预警预报。

"有疑必探"指的是对可能构成水害威胁的区域、地点，采用钻探、物探、化探、连通试验等综合技术手段查明水害隐患。

"先探后掘"指的是首先进行综合探查和排除水害威胁，确认巷道掘进前方没有水害隐患后再掘进施工。

"先治后采"指的是根据查明的水害情况，采取有针对性的治理措施排除水害威胁后，再安排回采。

208. 煤矿防治水的五项综合治理措施是什么？

煤矿防治水的五项综合治理措施指的是：防、堵、疏、排、截。它们的含义是：

"防"指的是合理留设各类防隔水煤（岩）柱。

"堵"指的是注浆封堵具有突水威胁的含水层和导水通道。

"疏"指的是探放老空水和对承压含水层进行疏水降压。

"排"指的是完善矿井排水系统。

"截"指的是加强地表水的截流治理。

209. 煤矿透水的基本条件?

煤矿发生透水事故必须有两个基本条件：一是透水的水源，这种水源的水量是很大的，一旦涌入煤矿井巷中，井巷的外流能力或矿井的排水能力小于水量的涌入量；二是透水的通道，即水源涌入井巷必须通过一定的渠道，这种渠道能保证水源的水源源不断地涌入井巷，淹没井巷甚至整个矿井，含水和导水二者缺一不可。

水源主要有大气降水、地表水、地下水和采空区积水。

通道主要有：构造断裂破碎带与接触带，岩溶陷落柱，隐伏露头（天窗）和隔水层变薄区，采空区冒落裂隙带，地面岩溶塌陷坑，封闭不良的钻孔和矿井井筒等。

◎真实案例

2007年8月7日，贵州省毕节地区黔西县羊场乡垅华煤矿发生一起透水事故，造成12人死亡，透水地点位于副斜井（全长280 m）距井底70 m处，该处与相邻的废弃矿井采空区相连通，筑有永久封闭。由于下大雨，地面洪水通过临近废弃矿井采空区冲垮封闭后溃入副斜井井底，透水量约为7 000 m^3。

210. 矿井透水事故有哪些特征?

煤矿重大透水事故影响范围大，伤亡人员多，中断矿井、采区或采掘工作面生产时间长，损毁井巷工程和生产设备严重。主要特征如下：

1. 突发性

煤矿重大透水事故往往是突然发生的，给煤矿企业领导和从业人员的心理冲击最严重，最容易出现措手不及、决策失误的现象。由于救灾指挥失误，造成救灾措施不当，或者自救互救方案错误，使事故扩大，增加了伤亡人数，甚至造成救护队员的伤亡。

2. 灾难性

煤矿重大透水事故发生后，往往造成多人伤亡或使井下人员的生命遭受严重威胁，有的甚至造成整个矿井被淹的恶劣后果。透水时水流还会损坏安全设施，破坏通风系统，摧垮巷道支护，使瓦斯和有害气体浓度增加，巷道塌冒，不仅使受灾程度加大，而且还给抢险救灾工作增加难度。

◎**真实案例**

1990年8月7日12:00，县、乡有关人员对湖南省辰溪县板桥乡洞岩上私采窑进行第四次封闭，该矿为非法开采，位于木溪井田一号断层附近，周围小窑采空区繁多，地下水极为丰富。但等工作人员走后，矿主我行我素，继续非法组织开采。此时井下工作面煤壁已经湿润，但没有坚持探水，当早班放下班炮时，8月7日16:30发生了透水事故，造成了井底车场的57名矿工死亡。

3. 继发性

煤矿重大透水事故发生后，有时在较短的时间内重复发生同类事故或诱发其他事故，使矿井受灾范围进一步扩大。例如，透水事故发生后，还可能引起第二次水害的危害，或者引发机械设备故障、电气系统故障、瓦斯事故或顶板事故。

211. 矿井发生透水事故主要原因是什么？

矿井发生透水事故主要有以下几个方面原因：

1. 地面防洪、防水措施不落实。

2. 井巷位置设计不合理，接近强含水层等水源。

3. 矿井水文地质情况不清楚，井巷接近采空区、强含水层、充水陷落柱、充水或导水断层，未事先进行探放水工作，盲目施工。

4. 乱采乱掘破坏了防水煤（岩）体，施工质量低劣，采掘工程顶板管理不好，顶板冒落后接通了含水体。

5. 积水区位置、水量、水压的测量计算有错误或资料遗漏、不准确，使采掘工作面与之贯通。

6. 探放水钻孔未将积水区内的积水全部放出，或者巷道掘进的方向与探放水钻孔的方向偏离，超出了钻孔控制范围。

7. 爆破炮眼打好后，未见出水，但爆破后由于煤体遭到破坏，将含水体连通，这是采掘工作面发生透水的常见现象。

8. 井下未构筑防水闸门，或者防水闸门未及时顺利关闭。

9. 井下主要水仓不按时清理，或者水泵排水能力不足。

212. 预防井下水害有哪些措施？

预防井下水害主要采取以下措施：

1. 掌握水情

观测各种地下水源的变化，掌握地质构造位置、水文情况以及小煤窑开采分布范围。

2. 疏水降压

在受水灾威胁和有水害危险的矿井或采区,进行专门的疏水工程,有计划、有步骤地将地下水进行疏放,达到安全开采水压。

3. 探水放水

矿井必须做好水害分析预报,坚持"有疑必探、先探后掘"的探放水原则。

4. 留设防水煤(岩)柱

对于各种水源在一般情况下都应采取疏干或堵塞其入井通道等方式,彻底解决水的威胁。但有时这样做不合理或不可能,因此,需要留设一定宽度的煤(岩)柱来阻隔水源。

5. 注浆堵水

将水泥砂浆等堵水材料,通过钻孔注入渗水地层的裂隙、孔洞、断层破碎带等,待其凝固硬化,将涌水通道充填堵塞,起到防水作用。

6. 构筑防水设施

在井下巷道适当地点构筑防水闸门或预留挡水墙的位置,在水害发生时使之分区隔离、缩小灾情和控制水害范围,确保矿井安全。

213. 预防地面水淹井事故有哪些措施?

地面水如果有漏水通道与井下巷道相连通,会使矿井发生突然透水,暴雨和山洪连同杂物也可能从井口灌入造成淹井事故。

判断是否是地面水为透水源,主要办法就是根据井上、下的水样和水量进行分析。

地面水的预防措施主要有:

1. 严禁开采煤层露头的防水煤柱。

2. 容易积水的地点应修筑沟渠排泄积水。沟渠在修筑时应避开露头、裂隙和导水岩层。特别低洼地点不能修筑沟渠排水时,应将其填平压实;如果范围大无法填平时,可建排洪站排水,防止积水渗入井下。

3. 矿井受河流、山洪和滑坡威胁时,必须采取修筑堤坝、泄洪渠和防止滑坡的措施。

4. 排到地面的矿井水,为防止再次通过露头、塌陷区裂隙等处渗入井下,必须采取修建石拱桥(沟渠)等排水措施,将矿井水排出矿区。

5. 流经矿区的河流、水沟、渠道等,有可能通过裂隙渗入井下时,则应在渗漏地段用黏土、料石或水泥铺底进行堵漏。地面裂隙和塌陷地点必须填塞。当流量大的河道流经矿区,而煤层顶板又没有足够厚度的隔水层时,可将河流改道。

6. 每次降大到暴雨时,必须派人检查地面有无裂隙、老窑陷落和岩溶塌陷等现象,发现漏水必须及时处理。

214. 在水淹区积水面以下从事采掘有哪些安全规定?

《煤矿安全规程》规定,水淹区积水面以下的煤(岩)层中的采掘工作,应在排除积水以后进行;如果无法排除积水,必须编制设计,由企业主要负责人审批后,方可进行。

在编制设计中,必须根据冒落带和导水裂隙带高度实际考察结果,确定隔离煤(岩)柱的尺寸。

1. 掘进巷道与积水体之间的最小距离不得小于巷道掘进高度的 10 倍。

2. 在水淹区的同一煤层中进行开采时,隔离煤柱的尺寸应按人为边界隔离煤柱的留设方法设置。

3. 在水淹区的下方邻近煤层中进行开采时,隔离煤(岩)柱的尺寸不得小于导水裂隙带最大高度加上保护带厚度。保护带厚度应根据煤(岩)物理力学性质和水压大小确定,原则是水压不得破坏保护带的隔水性。

215. 老空积水有什么危害?

老空积水指的是煤矿采空区、老窑和已经报废井巷中积存的地下水。

由于古代的小煤窑和前几年一哄而上的私营小煤矿遍布矿区,以及近代煤矿的采空区及废弃巷道等,这些长期积存保留下来的老空区,储有大量水源,如果采掘工作面或巷道触及或接近它们,往往造成矿井透水事故或者使矿井涌水量突然增加。

◎**真实案例**

1998 年 10 月 25 日 17:50,广西壮族自治区合山市和忻城县交界处属合山市的黄××煤井发生一起透水事故,并造成与之相贯通的属忻城县的谭××煤井同时被淹。这起事故共造成 36 人死亡,其中黄××煤井死亡 23 人,谭××煤井死亡 13 人。直接经济损失 120 万元。

216. 老空积水淹井的基本特征是什么？

老空积水淹井特征比较明显。由于积水多年，水量补给量较差，一般属于"死水"，并且水中溶解了许多杂质。含铁杂质能使水变成红色，含硫化氢的水能发出臭鸡蛋味，含酸性杂质的水就发涩，所以，老空积水透水前一般都出现煤壁或巷道"挂红"、臭鸡蛋味和水味发涩。

老空积水淹井有以下基本特征：

1. 老窑水虽然在一般情况下补给条件较差，但由于其范围广，采掘工程经常与其接触或接近，并且大多数老窑水位于正在作业地点的上方，因此，它具有水量多、压力大的特点，而且不容易被察觉。

2. 透水时空气中常常伴随着大量硫化氢、二氧化碳与瓦斯等有害气体涌出，有时会使人窒息、中毒，甚至死亡。

3. 老窑水中往往溶入有害气体等物质，饮用后可能会引起中毒。

4. 老窑水一般酸性较大，对金属制品等具有强烈的腐蚀作用，能腐蚀钢轨、钢缆绳、水泵、水管和金属支架等，严重的能在十几天甚至几天时间内就将水泵、排水管路和闸门等装备腐蚀坏。

5. 目前许多个体小煤窑在国有矿区、大型煤矿浅部常年开采，有的甚至超层越界非法进行采掘活动，造成许多采空区，积聚大量积水，形成大面积积水区，而这些情况往往又无技术资料可查。所以，近几年大矿区采掘工作面透小煤窑遗留的老空积水造成的透水事故经常发生,或者各个小煤窑相互贯通,一矿透水殃及他矿。

◎**真实案例**

1996年9月11日1:30,广西壮族自治区合山市北泗乡下麦村桥头岭4个小煤井透水淹井,造成41人死亡,直接经济损失110多万元。原因是一个矿打通其上方采空积水区,导致4个越界非法开采相通的矿全部被淹。

217. 井下探放水有什么重要性?

井下探放水的重要性可以从以下三个方面理解:

1. 井下探放水是执行煤矿防治水原则的需要。

井下探放水就是要先进行探放水,然后再进行采掘活动,这是确保不发生透水事故、采掘安全生产的重要措施。

2. 井下探放水是贯彻国务院《特别规定》的需要。

国务院2005年9月3日颁布的《国务院关于预防煤矿生产安全事故的特别规定》中明确规定:"有严重水患,未采取有效措施"的属于危及煤矿安全生产的15种隐患和行为之一,必须立即停止生产,排除隐患。对存在的隐患不排查、不报告、不整改的,下达停产整顿指令,对拒不停产整顿的煤矿和停产整顿逾期不合格的煤矿,则依法予以关闭。国家安全生产监督管理总局和国家煤矿安全监察局又明确规定了,"在有突水威胁区域进行采掘作业时必须按规定进行探放水。

3. 井下探放水是吸取煤矿透水事故教训的需要。

从近年来发生的煤矿透水事故教训分析,由于地质资料不清,未实施井下探放水措施是主要原因。2007年全国煤矿共发生较大水害和重大水害事故31起,其中23起是未探放水所致,占74.2%。

218. 探放水的含义是什么?

探放水指的是探水和放水两个方面。探水是指采矿过程中用超前勘探的方法,查明采掘工作面底板、侧帮和前方等水体的具体空间位置和状况等,其目的是为有效地防治矿井水害做好必要的准备。放水是指为了预防水害事故,在探明情况后采取钻孔等安全方法将积水放出。

◎真实案例

2007年7月18日20:30,湖南省郴州市永兴县金龟镇庙背冲二矿发生一起较大透水事故,同时引发瓦斯爆炸事故,造成4人死亡、1人失踪、1人重伤,直接经济损失157.5万元。

这次透水事故的原因是:该矿四上山工作面的上部存在老窑积水威胁,但矿井没有进行探放水。爆破后,大量煤体冒落,工作面上部煤体进一步松软,无法承受老窑积水压力,导致老窑积水瞬间透出。工作面爆破时,5名作业人员没有撤到水淹不到的安全地点,透水后来不及逃离,被淹埋致死。同时,工作面透水冲出的煤矸和冲垮的坑木撞破了一煤上山带电的煤电钻电缆,电缆短路发出的火花引爆了工作面的瓦斯,导致1人被烧成重伤。

219. 为什么必须坚持"有疑必探,先探后掘"?

煤矿井下作业条件十分复杂,由于地质构造因素、井田的开采过程及其他原因，常会在采掘工作面推进前方存在着各种形式的含水体，由于目前水文地质勘探技术手段的限制，对个别含水体的准确位置、水量和水压的大小不可能掌握得十分准确，形成了水害威胁疑问区。如果采取的措施不当，采掘工作面触及了水害威胁疑问区，往往导致矿井水害事故的发生。

为了预防矿井透水事故，当采掘工作面推进到疑问区一定距离时，必须进行超前钻探或其他探测手段，探明含水体的情况，将积存的大量水疏放出来，在彻底消除水害威胁后，再进行采掘生产活动，确保矿井安全生产。《煤矿安全规程》规定，每一矿井必须坚持"有疑必探，先探后掘"的探放水原则。

煤矿防治水经验表明，矿井坚持"有疑必探，先探后掘"的探放水原则是预防煤矿井下水灾事故的重要措施。在有水害威胁的地区进行采掘活动时，必须坚持"有疑必探，先探后掘"的探放水原则，切不可疏忽大意或存有侥幸心理，或是一味追产量、追进度，置实际水害情况于不顾；否则，造成矿井透水事故，后果将十分惨重。

◎真实案例

2009年3月21日17时，湖南省衡阳市常宁市三角塘镇企业办煤矿（无证非法）发生透水事故，初步调查，共有13人被困井下。该煤矿为私营企业，没有取得任何证照，独眼井生产。井筒井口标高+150 m，落底标高+20 m，井筒斜长220 m。估算透水量大约在1 000 m³。事故发生后，矿主中有7人逃匿，1人被公安机关控制。事故原因初步分析为：矿井开采范围内老窑分布密集，采空区互相贯通，存在老窑积水；煤矿在非法开采过程中，在没有探明老窑积水的情况下，未采取探放水措施，采掘过程中误穿积水老窑，导致事故发生。

220. 采掘工作面探放水的条件是什么？

采掘工作面具有下列条件之一的，必须进行探放水，确认无透水危险后，方可前进：

1. 接近水淹或可能积水井巷、老空或相邻煤矿时。
2. 接近含水层、导水断层、溶洞和导水陷落柱时。
3. 打开防隔水煤（岩）柱放水前。
4. 接近可能与河流、湖泊、水库、蓄水池、水井等相通的断层破碎带时。
5. 接近有出水可能的钻孔时。
6. 接近水文地质条件复杂的区域。
7. 采掘破坏影响范围内有承压含水层或含水构造、煤层与含水层间的防隔水煤（岩）柱厚度不清可能突水时。
8. 接近有积水的灌浆区时。
9. 接近其他可能突水地区时。

221. 如何确定探放水起点？

由于小煤窑技术管理薄弱，几乎没有留下什么可参考的有用资料，甚至绘制假图样，老空积水范围是通过调查得出来的。所以，小窑老空积水边界不可能十分准确，防隔水煤柱留设宽度过大，会加大钻探工作量，影响采掘进度，对生产不利；防隔水煤柱留设宽度过小，则给安全带来隐患。根据我国煤矿的防治老空积水经验,一般将调查获得的小窑老空分布资料经过分析后,分别按照积水线、探水线和警戒线三条线来确定探放水起点。

1. 积水线

积水线指的是经过调查核实后的积水边界线。

积水线实际上就是小窑采空区的边界范围,其深部界线应根据小窑的最深下山划定。积水线是经过分析原有小窑开采图样,走访有关小窑开采的当事人或知情人,经过物探和钻探核定后划定的积水区范围。

2. 探水线

探水线指的是沿积水线向外推移一定距离而划出的一条界线(如上山掘进时,则为顺层的斜距)。

探水线是探放水的起点。当巷道掘进到探水线位置时,开始进行探放水工作。探水线外推距离的大小根据积水线的可靠程度、水量和水压大小、煤层厚度和硬度,以及矿山压力大小等因素来确定。一般为 20~100 m。

3. 警戒线

警戒线指的是探水线向外推移一定距离而划出的一条界线(如上山掘进时,则为顺层的斜距)。

当掘进巷道到达警戒线位置时,应该警惕积水的威胁,注意掘进工作面迎头水情有无异常变化,如发现有透水预兆,立即提前实施探放水工作;如无异常变化则继续前进。

222. 探放水钻孔有哪些主要参数?

1. 超前距

超前距指的是探放水钻孔终孔位置超前掘进巷道的距离。

当巷道掘进到探水线时,从探水线开始向掘进前方布置钻孔,进行探放水。在实际工作中,钻孔一次就将积水体打透的情况极少,多数是探放水钻孔和掘进巷道相结合,探后再掘,掘后再探,以此循环地进行作业。在这一过程中,探放水钻孔的终孔位置始终保持超前巷道一定距离,超前距大多采用 20 m,而薄煤层可以适当减少至 8 m。

2. 允许掘进距离

允许掘进距离指的是经过探水后,证明前方无透水危险的巷道掘进的安全长度。

3. 帮距

帮距指的是探放水钻孔中最外侧斜孔到巷道帮的距离。

掘进巷道迎头布置的探放水钻孔向前方呈放射状,一般不少于 3 个。帮距实际上是指最外侧斜孔所控制的范围,其值应与超前距相同,即帮距大多采用 20 m,而薄煤层可以适当减少至 8 m。

4. 钻孔密度

钻孔密度指的是在允许掘进距离的终点位置,探放水钻孔之间的距离,又叫做孔间距。钻孔密度过大,就可能在钻探时漏掉巷道前方、两侧和顶底板积水的老巷,所以对钻孔密度有一定的规定。钻孔密度根据老巷尺寸而定,一般老巷尺寸(宽和高)约 3 m,所以钻孔密度通常规定不得超过 3 m,以免漏掉老巷。

223. 探水钻孔有哪些安全装置?

井下探放水必须使用专用的探放水钻机,严禁使用煤电钻探放水。

在井下探放水工作中，一般水量和水压不大时，积水区的水可以通过探水钻孔直接放出，但是在探放水量和水压都很大的积水区时，为了保证安全，达到有计划地放水和收集放水资料的目的，必须在孔口设置安全装置。

1. 预计水压大于 0.1 MPa 的地区，探水钻进前，必须先安好孔口管和控制闸阀，进行耐压试验，达到设计承受的水压后，方准继续钻进。

2. 施工水压大于 1.5 MPa 的钻孔时，必须设置防喷和反压装置，并有防止孔口管和煤岩壁突然鼓出的措施。

在孔口安装孔口管时，先用大直径钻头扩孔至一定深度（根据水压大小而定），下套管后，在套管外围灌注水泥，待水泥凝固后再用小直径钻头钻进，直至全部钻透老空区为止，然后退出钻具，在孔口管的外露部分装上压力表、水阀门和导水管等。

224. 探放水作业有哪些安全注意事项？

1. 钻进时发现有透水预兆必须停止钻进，但不得拔出钻杆。

在探放水钻孔钻进时，当煤岩出现松软、片帮、来压或钻孔中的水压、水量突然增大以及有顶钻等异常现象时，说明前方已经接近或触及了强含水体，这时如果继续钻进，或将钻杆拔出，极有可能造成更大的出水，乃至难以控制，甚至发生钻杆在拔出的过程中被高压水顶出伤人事故。

2. 在钻孔出现出水异常情况时，现场负责人员应立即向矿调度室报告，并派人监视水情。如果发现情况危急时，必须立即撤出所有受水威胁地区的人员，然后采取措施，进行处理。

3. 探放老空积水安全事项

老空积水中经常存在有害气体，探放老空积水时除了一般探放水注意事项外，还必须预防老空积水中的有害气体造成人员中毒或发生爆炸事故。

4. 探放断层水安全注意事项

探放断层水与探放老空积水基本相同，但探水钻孔的数目较少些。

探放断层水的钻孔应结合探查断层结构来布置。在探查断层位置、产状要素、断层带宽度的同时，着重查明断层带的充水情况、含水层的接触关系和水力连通情况、静水压力和涌水量大小，以达到一孔多用的目的，如在正断层上盘巷道内，选择合适的地点，向下盘的含水层打钻孔，可以探明下盘含水层的情况。

断层水探明后，应根据水的来源、水压和水量采取不同措施进行处理。若断层水来自强含水层，则要采取注浆封闭钻孔的方法，选择留设断层煤柱以保证开采安全；若已进入煤柱范围的巷道要加以充填或封闭；若断层含水性不强，则可考虑放水疏干。

225. 如何区别含水层水和断层水？

1. 含水层水透水的基本特征

根据地面的水文地质钻孔水头值变化资料，即可判断矿井透的水源是否为井下含水层水。

井下含水层主要有冲积层、煤层顶底板砂（砾）岩层或石灰岩溶洞。

(1) 冲积层透水的基本特征：开始水量较小，呈黄色并夹有泥沙，随后急剧增大。

(2) 石灰岩溶洞透水的基本特征：顶板来压，出现裂隙透水和柱窝渗水等。由于溶洞大部分长期被侵蚀，水常呈黄色或灰色，带有臭鸡蛋味，有时也会出现红色。

2. 断层水透水的基本特征

断层裂隙带中的水一般是流动的，补给也较充分，属于"活水"，因此，很少出现"挂红"现象，水无涩味且发甜。当采掘巷道接近断层裂隙带时，会出现来压、淋水增大等现象。在岩巷中接触或接近断层水时，有时能在岩缝中见到淤泥，水较混浊，多呈黄色，巷道底板出现射流等。

226. 为什么水体下采煤必须留足防隔水煤（岩）柱？

在河流、湖泊、水库等地面水体及含水层下采煤，应留足防隔水煤（岩）柱。

1. 水体下采煤安全煤（岩）柱留设原则

水体下采煤安全煤（岩）柱的留设应根据矿井水文地质及工程地质条件、开采方法、开采高度和顶板管理方法等，按照《建筑物、水体、铁路及主要井巷煤柱留设与压煤开采规程》中水体下开采的要求，由具有乙级以上资质的煤炭设计部门编制可行性方案和开采设计，报省级煤炭行业管理部门审查批准。

2. 开采过程不得破坏防隔水煤（岩）柱

煤矿企业在开采过程中要严格按照批准的设计要求控制开采范围、开采高度和防隔水煤（岩）柱尺寸，不得任意破坏防隔水煤（岩）柱。

在生产过程中，当发现地质条件变化需要缩小安全煤（岩）柱尺寸、提高开采上限时，必须进行可行性研究，并经省级煤炭行业管理部门审查批准后方可进行试采。

◎真实案例

2009年6月13日16:00，湖南省娄底市冷水江市铎山镇金胜煤矿－120 m水平一石门上山东煤平巷发生透水（突泥）事故，造成5人死亡、3人失踪。事故发生后，矿主瞒报被困人数。该矿为私营股份制企业，属高瓦斯矿井，水文地质条件简单，主要水源为老窑水。该矿安全生产许可证已过期；采矿许可证划定的开采深度为－20 m标高，但实际开采标高已达－120 m，发生事故的石门上山东煤平巷在超层越界区。

227. 如何加大重大水患排查力度？

1. 煤矿企业要定期排查矿井及其周边受威胁的水害隐患。水文地质条件复杂的矿井每月应认真开展水害隐患排查1次，其他矿井每季度应至少开展1次水害隐患的排查。

2. 对排查出的重大隐患要分类定级，建立档案，按规定向地方政府相关部门报告。

3. 查出的水害隐患要制定专门治理计划，做到人员责任、整改措施、治理资金、施工期限、应急预案五落实。水害防治工程应编制设计施工方案、制定安全措施，工程结束后要及时进行验收总结。

4. 严禁超层越界等违法、非法开采，严禁采掘防隔水煤柱。

凡存在以下严重水患而未采取有效措施的,要立即停止生产,排除隐患:

(1) 未查明矿井水文地质条件和采空区、相邻矿井及废弃老窑积水等情况而组织生产的。

(2) 矿井水文地质条件复杂,没有配备防治水机构或人员,未按规定设置防治水设施和配备有关技术装备、仪器的。

(3) 在有突水威胁区域进行采掘作业未按规定进行探放水的。

(4) 擅自开采各种防隔水煤柱的。

(5) 有明显透水征兆未撤出井下作业人员的。

◎真实案例

2009年11月12日15:20,黑龙江省双鸭山市宝清县国明煤矿发生透水事故,当班入井36人,其中29人安全升井,其余7人被困井下。初步分析,这起事故主要是因为该矿借整改之名超层越界、非法开采,导致透水事故。

228. 如何加强老空水防治?

1. 受老空水威胁的矿井,要分析查明老窑的空间位置、积水量和水压,确定探水警戒线,并准确填绘在采掘工程平面图上,编制探放水措施,坚持先探后掘。

2. 探放水要由专业人员使用专业探放水钻机进行施工,保证探放水钻孔的超前距离,探放水钻孔必须打中老空水体,并要监视放水全过程,直到老空水放完为止。

3. 探放水时,要撤出探放水点位置以下受水害威胁区域的人员，并采取有效措施，水患消除后方可继续施工。

◎真实案例

2009年6月17日8:17，贵州省黔西南州晴隆县中营镇新桥煤矿发生透水事故，造成16人被困，矿方瞒报事故并隐瞒下井人数。

新桥煤矿为整合技改矿井，设计生产能力为15万吨/年，持有采矿许可证，属于高瓦斯矿井；开拓方式为斜井开拓，布置主井、副井、风井，通风方式为中央并列式。该矿按照批复的开采设计方案及安全专篇施工了主斜井、副井、风井，其余巷道均未按照开采设计和安全专篇进行施工，事故发生地点未在设计范围之内，设计首采煤层为C10煤层，而井下巷道实际均布置在C25煤层。经初步分析，发生透水地点在运输上山掘进头，属老空透水，透水量估算约1 500 m^3。主要原因是未开展水文调查工作，对矿井周边小窑积水情况不清；未按照探放水的相关规定进行探放水，在透水预兆十分明显的情况下仍盲目组织施工，引发透水事故。

7月12日11:28，救援人员找到了三名被水围困的矿工。他们在井下被困25天后，依靠矿灯留下的微弱光亮，通过救援打通的巷道发出了求救信号，12:00终被成功营救安全升井，创造了在井下被困长达25天零4个小时后生还的奇迹，远远超过人体正常的生理和心理极限。

229. 如何预防暴雨洪水引发煤矿透水？

1. 必须查清矿区地面积水、漏水、山洪和排洪道等情况，要掌握最高洪水位、最大降雨量和最低井口标高等资料。

2. 在雨季到来以前,要彻底清挖地面排水沟和堵塞的河道,加固河流、水库堤坝;对井口要进行围筑堤坝,对地表渗、漏水进行注浆处理,对废弃井筒充填堵严,防止地表水灌入井下。

3. 要建立雨季巡查制度,安排专人对防汛重点部位进行巡视检查,对矿井涌水量进行观测,对预防暴雨洪水设施、物资等进行清查。

4. 要建立暴雨洪水可能淹井等事故灾难紧急情况下及时撤出井下人员的制度,当暴雨威胁矿井安全时,必须立即停产,撤出井下全部人员,只有在确认暴雨洪水隐患彻底消除后方可恢复生产。

◎真实案例

2009年7月22日23:30,黑龙江省鸡西市恒山区鑫永丰煤矿,由于连日下雨地面坍陷,致使大量积水涌入井下,发生透水事故。事故当班入井24人,1人安全升井,23人下落不明。

230. 被水围困地点存有空气的条件是什么?

空气是人能否生存的首要条件。只要有空间就会有空气,被水围困人员就有生存条件。当然,这里所说的"空气"包括两个方面的含义:是否有空气和空气质量是否符合要求。

1. 位于透水点上方或被涌水淹没地点的上方存有空气。常言道:人往高处走,水往低处流。当发生矿井透水事故时,位于透水点上方或被涌水淹没地点的上方,一般都有空气,对现场作业人员的生命构不成危险。

2. 由于井下发生透水事故时，一般来势凶猛，水向下奔流时将透水点下部巷道中的空气挤出，因为透水后涌水不可能充满整个巷道断面往下奔流，只要不充满整个巷道空间，就会有间隙，空气就会被挤出，直至下部巷道被水全部淹没，才不会有空气存在。所以，矿井透水时，位于透水点下方巷道，只要未被涌水全部淹没，仍然存在空气。

3. 矿井发生透水后，涌水首先将下部巷道淹没，使这些巷道没有排泄空气的间隙。但与这些巷道相连通的倾斜巷道，如果上部为独头巷道且严密不透气，即使低于外部水位时，也不会全部被水淹没，仍有被压缩的空气存在，这时躲避在这些巷道上部空间的遇险人员就具备生存必需的条件。这种情况在矿井水灾案例中是比较常见的。

这时千万注意不能采用打钻送风的方法。因为密闭的空间一旦与外界相通，矿井积水将沿着上山斜巷上升，直至淹没整个被水围困人员的避灾空间。

4. 在特殊情况下，发生矿井透水事故以后，由于水势凶猛，可能夹带着一些杂料、设备和煤矸等物，堵塞通向下部巷道的水流通道，这时透水点下方的巷道未全部淹没，便开始淹没上部巷道，下部巷道也可能存在空气。对于这种情况，必须根据地质资料慎重研究与处理。

231. 断绝食物时人体的能量供给来源是什么？

俗话说：人是铁，饭是钢，一顿不吃饿得慌。但是在断绝食物的情况下，人并不会立即死亡。在国外，有些人举行饥饿比赛,在只喝水的情况下,世界最高纪录能存活58天。

根据研究结果,人如果不吃不喝,生命只能维持七八天,这是因为水是人体的重要组成部分和生活不可缺少的物质。人体有78%是由水组成的。水中虽然不存在具有营养价值的东西,但人在断绝食物来源的情况下,喝水可以促进人体内新陈代谢的进行,消耗体内自身储存的糖、脂肪和蛋白质,以维持人体的能量供给。

因此,井下被水围困人员只要有空气和水,生命就可以维持较长时间。一个正常男子(体重65 kg)体内储存的可供利用的热量为68 100千卡,在空腹静卧时,每24 h消耗热量1 400~1 800千卡,也就是说,人体在断绝食物的情况下,如果有空气和饮用水的供给,大约能生存38天。

根据井下被水围困人员的亲身体会,在断绝食物的情况下,开始两三天还可以忍受,但到四五天后,就会感到饥饿难忍。为了减少饥饿的痛苦,被水围困人员往往饥不择食,什么东西都往肚子里填。有的人嚼煤块、啃木头、撕吃棉絮、布料和纸团等。这些东西吃下去以后,能把胃撑起来,以减少饥饿的痛苦。但实际上它们并没有人体所需要的糖、脂肪和蛋白质,无营养价值,也不能被人体所吸收。有的人见到胶皮带、风筒带和电缆皮以后,就拿来放到口里咀嚼,并吞咽到肚子里。其实这些物品同样毫无营养价值,吃下去后根本消化不了。因此,吞吃这些物品只会有害无益,吃多了更是不堪设想。

过去有些煤矿井下采用畜力运输,矿井发生透水事故后,牲畜也被困在里面。牲畜肉的营养价值比较高,可以食用,但一定要注意防止食物中毒和避免过量食用。

232. 煤矿透水应急救援的要求是什么?

1. 在煤矿透水应急救援过程中,要坚持"救人优先,救活人优先,防止水害扩大优先,利于治水复矿优先"的原则,正确处理救灾中的各种关系。

2. 要加强水文地质条件监测监控、预测预报工作。水情要落实掌握清楚,并且对水情的发展变化趋势做出预测,以利于采取针对性措施,编制抢险救灾方案。

3. 在矿井透水后进行抢险救灾工作,没有某种固定的模式可遵循,必须根据水情的变化对抢险救灾方案进行适当的调整。

4. 在抢险救灾过程中,要立足于一个"快"字,快速、有序、有效地实施现场急救和安全转送人员是减小事故损失的关键,特别是透水后 3 天,是救援黄金期。

5. 在抢险救灾中,应尽量避免给后期矿井恢复生产工作留下后遗症或困难。

6. 采取综合抢险救灾方法时,应注意各方法间必须协调联动,互相配合,互相创造条件,例如,强排水与注浆堵水同时进行时,应以强排水为前提,调整注浆工艺,以适应大动水条件下注浆;当以强排水控制水情最终打闸封堵突水点时,强排水应为构筑水闸墙尽量降低水位。

233. 为什么煤矿透水时现场作业人员应进行应急自救互救?

煤矿一旦发生透水事故,就可能造成井下人员伤亡的严重后果。在一般情况下，透水初期波及范围小，对井下人员威胁较小，抓住有利时机，利用现场的有利条件，积极开展应急自救互救活动，是保证现场作业人员安全脱险的最好方法。同时，即使不能当时安全脱险，也对保证被水围困人员的自身安全和配合矿救护人员的抢救工作具有十分重要的意义。所以，在煤矿透水后进行应急自救互救，是煤矿透水事故发生后安全工作的重点之一。

◎**真实案例**

2006年5月18日20:30，山西省大同市左云县张家场乡新井煤矿发生透水事故，涌水很快淹没了整个矿井。当时井下现场作业人员共有266人，其中210人安全上井，另56人被水围困遇难。在安全上井的现场作业人员中，有58人是透水后通过应急自救互救，成功地撤离灾区安全脱险自行上井的。

第九章
井下爆破知识

234. 井下爆破安全的重要性是什么?

井下煤破作业是煤矿生产的一项十分重要的工序,直接影响到人身安全和煤矿安全生产,是实现煤矿安全生产的重要环节。违章爆破作业主要有以下三个方面的危害:

1. 直接由井下爆破作业本身造成的事故,如放炮崩人、炮烟熏人、放炮崩倒支架造成冒顶埋人等。

2. 因放炮而诱发的其他类型事故,如放炮引爆瓦斯煤尘爆炸、放炮引起透水等。据统计,2005年全国煤矿一次死亡10人以上特大事故中,由放炮诱发瓦斯和透水事故占9.7%。

3. 由于放炮崩坏刮板输送机、崩破电缆、崩歪崩倒支架而影响生产事故。

◎**真实案例**

1985年11月13日,黑龙江省七台河矿务局工程处施工石门时，因打眼与装药平行作业，钻眼打透已装药的炮眼，引起爆炸，造成死亡3人，重伤2人。

当班出勤25人，任务是打眼、放炮、掘进，由副队长和2名班长带领6名打眼工，在工作面左、右两帮上4台风钻同时作业（原安排6台，因2台坏，改为4台），队长带领耙斗机司机等7人装岩。这时，工作面仍在打眼，1名爆破工在工作面右侧装药，另2名爆破工在工作面左侧装药。右侧下部有2名工人打掏槽眼，钻杆打透了已装药的炮眼，引起炸药雷管爆炸。右侧装药的爆破工和指挥打眼的副队长当场被炸死，打眼工有3人被炸成重伤，其中1人送到医院经抢救无效死亡。

235. 煤矿爆破作业引起瓦斯煤尘爆炸的主要原因是什么？

1. 冲击波的作用

爆破形成的空气冲击波具有很大的压力，使瓦斯气体温度升高，瓦斯煤尘爆炸浓度界限扩大。

2. 炽热固体颗粒的作用

炸药爆炸时，通常有反应不完全的炽热固体颗粒或燃烧着的固体颗粒向外飞出，当它们飞入瓦斯气体混合物介质中时，会继续发生分解反应或被空气介质氧化而燃烧，具有很高的温度，很可能引起瓦斯煤尘爆炸。

3. 高爆炸气温和二次火焰的作用

炸药爆炸时空气温度高达1 800~3 000℃，大大超过了瓦斯煤尘的爆炸温度。

所谓二次火焰是指炸药爆炸后,尤其是爆炸不完全时,将产生可燃气体氢气、一氧化碳、甲烷等,与空气中的氧化合后所生成的火焰。二次火焰温度可达1 600~2 000℃。

◎真实案例

2005年10月3日4:36,河南省鹤壁煤业有限责任公司二矿发生特别重大瓦斯爆炸事故,造成34人死亡,19人受伤(其中重伤1人),直接经济损失801万元。二矿设计年生产能力60万吨。2003年已被列入破产关闭计划,正在做前期准备工作。该矿属高瓦斯矿井。

事故的主要原因是由于打眼工违章施工,验收员不按要求验收,爆破工在炮眼质量不合格的情况下违章放炮,引起附近采空区内积聚的瓦斯爆燃、爆炸。

236. 如何合理选用煤矿许用炸药?

煤矿许用炸药按其适用瓦斯等级条件可分为1、2、3、4、5级。《煤矿安全规程》规定,井下所使用的煤矿许用炸药应由矿总工程师按矿井和爆破工作面所处区域的瓦斯等级合理选用,并符合以下规定:

1. 低瓦斯矿井的岩石掘进工作面,必须使用安全等级不低于1级的煤矿许用炸药。

2. 低瓦斯矿井的煤层采掘工作面必须使用安全等级不低于2级的煤矿许用炸药。

3. 高瓦斯矿井、低瓦斯矿井的高瓦斯区域,必须使用安全等级不低于3级的煤矿许用炸药。

4. 有煤（岩）与瓦斯突出危险的工作面必须使用安全等级不低于3级的煤矿许用含水炸药。

5. 严禁使用黑火药。

6. 不得使用冻结或半冻结的硝化甘油类炸药。

7. 同一工作面不得使用两种不同品种的炸药。

237. 电雷管有哪几种？

雷管是一种装有起爆药的小管，管壳过去多用铜制，现在绝大部分已改为纸制，按点火形式雷管可分为火雷管和电雷管两类。由于煤矿井下的条件特殊，火雷管不能用于井下爆破。

电雷管按其起爆间隔时间可分为以下三种：

1. 瞬发电雷管

瞬发电雷管是指通入足够的电流后，能在瞬间起爆的电雷管。一般来说，瞬发电雷管由通电到爆炸的时间间隔不超过 10 ms，无延期过程。

瞬发电雷管又分为普通型和煤矿许用型。普通型可用于无瓦斯工作面，煤矿许用型可用于高瓦斯煤矿或有瓦斯煤尘爆炸危险的采掘工作面和有煤与瓦斯突出危险的工作面。

瞬发电雷管在巷道掘进中只能用于全断面分次爆破。

2. 秒延期电雷管

秒延期电雷管是指通入足够的电流后，以 1 s、0.5 s 间隔时间延期爆炸的电雷管。

因为它要从其排气孔中喷出火焰和高温气体，成为引燃瓦斯的危险因素。因此，秒或半秒延期电雷管不能用于有瓦斯或煤尘爆炸危险的采掘工作面。

3. 毫秒延期电雷管

毫秒延期电雷管是指通入足够的电流后,以若干毫秒时间间隔延期爆炸的电雷管。

煤矿许用毫秒延期电雷管可用在井下有瓦斯煤尘爆炸危险的工作面。

238. 人力运送爆炸材料有哪些安全规定?

由于爆炸材料是危险物品,一般人员未经过专业培训,不具备应有的预防知识,难以有效地防止发生意外事故,所以《煤矿安全规程》对由爆炸材料库直接向工作地点用人力运送爆炸材料做出相关规定。

1. 电雷管必须由爆破工亲自运送。炸药应由爆破工或在爆破工监护下由其他人员运送。

2. 炸药和电雷管应分别放在两个专用背包(木箱)内,严禁放在衣袋中。

3. 运送爆炸材料时要轻拿轻放,不准用力碰撞和随便扔放药箱。

4. 一人一次运送爆炸材料量不得超过《爆破安全规程》的下列规定:

(1) 同时搬运炸药和起爆材料 10 kg。

(2) 拆箱(袋)搬运炸药 20 kg。

(3) 背运原装炸药 1 箱 24 kg。

(4) 挑运原装炸药 2 箱 48 kg。

(5) 不得携带炸药材料在人群聚集的地方逗留，不得在交接班人员上下井集中时间沿井筒上下，每层罐笼内外爆破工最多4人，其他人员不得同罐上下。

239. 井下爆破工的安全职责是什么？

《煤矿安全规程》中规定，井下爆破工作必须由专职爆破工担任。专职爆破工必须经过专门培训，由有2年以上采掘工龄的人员担任，并经考核合格，持证上岗。

1. 严格执行《煤矿安全规程》《操作规程》《作业规程》和《爆破安全规程》，认真遵守爆破材料领退制度、运送规定和爆破作业安全要求。

2. 服从领导，听从指挥，遵守劳动纪律，杜绝"三违"行为。

3. 爱护井下安全设施、安全标志和机械设备，不随意拆除安全防护装置，自己不使用的设备、设施不摸、不开启或关闭。

4. 熟悉爆破器材的性能，熟练掌握其使用方法。坚持"一炮三检制"和"三人连锁放炮制"，保证爆破作业的安全进行。

5. 坚持原则，在"三违"面前态度鲜明，行动果断，坚决制止任何人违章作业，拒绝接受任何人违章指挥。

6. 认真学习安全技术知识，提高爆破操作水平。积极参加抢险救灾，掌握自救、互救和现场创伤急救方法。

7. 如实、及时地报告事故。及时反映、处理不安全隐患。认真执行交接班制度。

◎**真实案例**

1990年11月11日3:20，江苏省徐州矿务局韩桥矿韩桥井采煤二区 21116 工作面发生一起因爆破工误爆破班长致死事故。

当时爆破工在工作面从机尾往机头方向爆破，1 人在材料道设警戒，班长和爆破工在下方设警戒，两人相距 10 m。当爆破到 28 m 时，班长急于到材料道喊人做准备工作，在炮点下方 5 m 处遇到已连接好炮线的爆破工，便让爆破工暂时停止爆破，让其爬过去再放。正当班长爬到炮点时，爆破工错误地判断班长已爬过炮点到达了安全地点，即刻爆破，造成班长开放性颅脑损伤，经现场抢救无效死亡。

240. 装配起爆药卷有哪些安全注意事项？

装配起爆药卷是指把电雷管插入卷顶部的作业过程。因为电雷管是一种非常容易爆炸的危险物，所以要格外小心。《煤矿安全规程》对此有明确的规定：

1. 装配起爆药卷必须在顶板完好、支架完整、避开电气设备和导电体的爆破工作地点附近进行。严禁坐在爆炸材料箱上装配起爆药卷。

2. 装配起爆药卷数量，以当时当地需要的数量为限。

3. 从成束的电雷管中抽取单个电雷管时，不得手拉脚线硬拽管体，也不得手拉管体硬拽脚线，应将成束的电雷管顺好，拉住前端脚线将电雷管抽出。抽出单个电雷管后，必须将其脚线末端扭结成短路。

4. 装配起爆药卷时，必须防止电雷管受振动、冲击、折断脚线和损坏脚线绝缘层。

电雷管必须由药卷的顶部装入，严禁用电雷管代替竹、木棍扎眼。电雷管必须全部插入药卷内。严禁将电雷管斜插在药卷的中部或捆在药卷上。

电雷管插入药卷后,必须用脚线将药卷缠住,以便把电雷管固定在药卷内,还必须扭结电雷管脚线末端成短路。

241. 掘进工作面为什么全断面一次起爆?

《煤矿安全规程》中规定,在掘进工作面应全断面一次起爆,不能全断面一次起爆的必须采取安全措施。

掘进工作面全断面一次起爆是指在整个巷道断面上,一个循环的炮眼全部装药,一次起爆。

1. 在有瓦斯、煤尘爆炸危险的掘进工作面,可以避免因分次爆破而引起爆炸的危险。

2. 可以避免分次爆破时使相邻炮眼的炸药被挤压、电雷管的脚线和桥丝被崩断或震断、电雷管和炸药被带出,从而造成拒爆和瞎炮现象。

3. 减少分次连线和爆破次数,爆破工和现场作业人员可以避免较大量地吸入炮烟。同时,可以减轻爆破工的劳动强度,加快掘进工作面的推进进度。

4. 可以避免底眼联线时查找的困难和危险性。

242. 炮眼的装药结构有哪两种?

1. 炮眼的装药结构

(1) 正向起爆

正向起爆是炸药包位于柱状装药的外端,靠近炮眼口,电雷管底部向着炮眼底的起爆方法。

(2) 反向起爆

反向起爆是起爆药包位于柱状装药的里端,在炮眼底部,电雷管底部向着炮眼口的起爆方法。

2. 炮眼的装药结构优缺点

(1) 防止引爆瓦斯煤尘

正向爆破时,炸药的爆轰波和固体颗粒的传递与飞散方向是向着炮眼底部的,所以不易引爆瓦斯煤尘。

反向爆破时,炸药的爆轰波和固体颗粒的传递与飞散方向是向着眼口的,当这些微粒飞过预先被气态爆炸产物所加热的瓦斯时,就很容易引爆瓦斯。

(2) 充分发挥炸药威力

正向爆破时不能充分发挥炸药的威力,而反向爆破则使炸药的能量得到合理利用,爆破效果较好,特别是深孔爆破时更为明显。

243. 井下装药有哪些安全规定?

1. 炮眼内存有煤岩粉,使眼内药卷不能贴在一起,或者装不到眼底,引起火灾或爆炸事故。所以,装药前必须将炮眼内煤岩粉清除。

2. 装药时不能用炮棍冲撞或捣实药卷,以避免产生炸药密度过大、爆炸反应不完全、产生拒爆,甚至捣响电雷管等不良现象,必须用炮棍轻轻推入。

3. 潮湿和有水的炮眼应使用抗水型炸药。有的使用非抗水型炸药时,外罩防水套,但一方面防水套容易划破,起不到防水作用；另一方面防水套参与爆炸，增加一氧化碳含量。

4. 装药后电雷管脚线要各自独立悬吊，或卷好塞在各自的眼口附近，以免电雷管脚线接头接地短路。

5. 严禁电雷管脚线、爆破母线与运输设备、电气设备以及采掘机械等导体相接触。

6. 打眼不能与装药平行作业，必须保持一定的安全距离。

◎ **真实案例**

1985年11月13日19：30，黑龙江省七台河矿务局工程处矿一工区104队施工富强竖井一水平总石门时，工作面左、右帮原各3台风钻打眼，作业中坏了2台，剩下4台钻机正在打眼。先到的一名爆破工在工作面右侧装药。另两名爆破工到后也在工作面左侧装药，当拿起第二管火药时，刚起身见一团火光，顿时失去了知觉。此时，右侧下部2名工人打掏槽眼的钻钎被卡住，正弯腰一起往外拉钻时，也发现一团火光，瞬间也倒了下去。队长在后面听见响声，便向工作面跑去。经检查，先到的一名爆破工和指挥打眼的副队长当场被炸死，打眼工有3人被炸成重伤，其中1人送到医院后抢救无效死亡。据分析该事故直接原因是打眼装药平行作业，造成炮眼贯通，引起装药炮眼爆炸。

244. 如何合理进行炮眼封泥？

《煤矿安全规程》规定，封泥不足、不实的炮眼严禁爆破。

1. 炮泥材料

水炮泥是用圆筒塑料袋充水的一种炮眼充填材料。水炮泥爆裂后形成的水幕，可以降低温度，缩短爆炸火焰延续时间，减少了引爆瓦斯煤尘的可能性。同时，水幕具有灭尘和吸收炮烟中有毒气体的作用，有利于改善工人的劳动条件。所以，炮眼封泥应用水炮泥，水炮泥外剩余的炮眼部分应用黏土炮泥或用不燃性的、可塑松散材料制成的炮泥封实。严禁用煤粉、块状材料或其他可燃性材料的炮眼封泥。

2. 封泥长度要求

(1) 炮眼深度小于 0.6 m 时，炮眼封满炮泥。

(2) 炮眼深度为 0.6~1 m 时，封泥长度不得小于炮眼深度的 1/2。

(3) 炮眼深度超过 1 m 时，封泥长度不得小于 0.5 m。

(4) 炮眼深度超过 25 m 时，封泥长度不得小于 1 m。

(5) 光面爆破时，周边炮眼封泥长度不得小于 0.3 m。

245. 什么是"一炮三检制"和"三人连锁放炮制"？

爆破作业必须严格执行"一炮三检制"和"三人连锁放炮制"。

1. "一炮三检制"

"一炮三检制"是指在采掘工作面爆破过程的三个时间段都必须检查瓦斯的制度。

具体规定要求是在采掘工作面装药前、爆破前和爆破后，都必须由瓦斯检验工检查瓦斯，爆破地点附近 20 m 以内风流中的瓦斯浓度达到 1% 时，不准装药、爆破；爆破后如果瓦斯浓度达到 1%，必须立即处理，不准用电钻打眼。

2. "三人连锁放炮制"

"三人连锁放炮制"是指在采掘工作面爆破时，爆破工、班组长和瓦斯检验工三人都必须在现场，同时自始至终参加爆破全过程，并执行换牌制度。如图 9—1 所示。

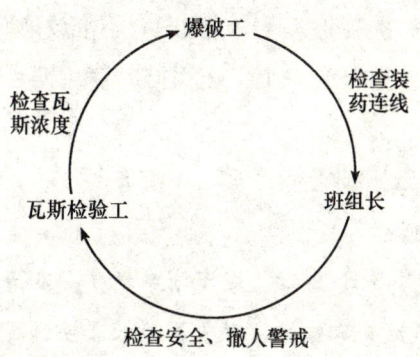

图 9—1 三人连锁放炮示意图

246. "十不准"放炮内容是什么？

爆破作业必须严格遵守"十不准"，其内容如下：

1. 工作面工具未收拾好，机电设备和电缆未加以保护时，不准放炮。

2. 工作面未检查瓦斯浓度或 20 m 范围内瓦斯浓度达到 1% 时，不准放炮。

3. 在有瓦斯煤尘爆炸危险的煤层工作面 20 m 范围内未清扫煤尘或洒水灭尘时，不准放炮。

4. 工作面风量不足时，不准放炮。

5. 工作面安全出口不安全、不畅通，工作面顶板支架不完整、煤壁片帮、有伞檐等不安全隐患时，不准放炮。

6. 放炮母线长度不够或未吊挂好时，不准放炮。

7. 所有人员未撤离到警戒线以外的安全地点，未清点好人数、未设好警戒岗哨时，不准放炮。

8. 不执行一次装药、一次放炮时，不准放炮。

9. 不使用放炮器或一个工作面同时使用两台或以上放炮器时，不准放炮。

10. 不发出三声放炮信号后，不准放炮。

◎ **真实案例**

1989年9月8日2：35，辽宁省阜新矿务局五龙矿开拓一区223采区二阶段风巷翻修时，跟班副段长带头违章作业，将炸药雷管绑在碍事的旧铁腿上与其他炮眼一起爆破。当时放两次都没有响，发现炮线在44.2 m处折断，爆破工（班长兼任）从该处掐断，与副段长一起就地躲在巷道下帮爆破，另2名工人分别躲在距爆破工外4.4 m和6.8 m的巷道上帮。爆破后，位于近处的一名工人脸朝下趴在地上当场被崩死；位于稍远的一名工人歪着头斜靠在地，满脸是血被崩成重伤；爆破工和副段长侥幸躲过一难。

247. 如何正确处理拒爆？

通电起爆后，工作面的雷管全部或少数不爆的现象称为拒爆。

1. 通电以后装药炮眼不响时的正确处理方法。这时，爆破工必须先取下把手或钥匙，并将爆破母线从电源上摘下，扭结成短路，再等一定时间（如使用瞬发电雷管至少等5 min；延期电雷管至少等15 min），才可沿线检查，找出拒爆的原因。

2. 处理拒爆（包括残爆）必须采用正确的操作方法。处理拒爆（包括残爆）必须在班（组）长直接指导下进行，并应在当班处理完毕。如果当班未能处理完毕，爆破工必须在现场向下一班爆破工交接清楚。处理拒爆的正确操作方法如下：

（1）由于连线不良，可重新连线起爆。

（2）在距拒爆炮眼至少0.3 m处另打与拒爆炮眼平行的新炮眼，重新装药起爆。

◎**真实案例**

1986年7月6日，吉林省珲春矿区英安工程处矿建工区103队施工英安井—260石门时，发现工作面左帮有两个瞎炮，右帮腿窝差30 mm不够深，班长叫补打1个腿窝眼。打眼工拿起电钻与原腿窝眼成45°方向打眼，刚钻进200 mm就打在瞎炮上，引起爆炸，班长当场死亡，另2人轻伤。

（3）严禁用镐刨或从炮眼中取出原放置的起爆药卷或从起爆药卷中拉出电雷管；严禁将炮眼残底（无论有无残余炸药）继续加深；严禁用打眼的方法往外掏药；严禁用压风吹这些炮眼。

◎**真实案例**

1986年8月24日17:55，江苏省徐州矿务局义安矿掘进二区2201输送机巷掘进工作面，一名工人发现有一根200 mm长的红色雷管脚线，随即用手去拉但未拉动，就对迎头其他人说："下面可能有瞎炮。"有人说："那就放。"这时无人答话，这名工人又继续刨了两下，见矸石太硬怕刨响瞎炮，将镐扔下；迎头组长见他放下镐，走过来一句话没说，拿起镐就刨。这名工人担心迎头组长刨响瞎炮，就跑到耙装机前，当他还未坐下时便听见一声炮响，迎头组长当场破崩死。

（4）处理拒爆的炮眼爆炸后，爆破工必须详细检查炸落的煤、矸，收集未爆的电雷管。

（5）在拒爆处理完毕之前，严禁在该地点进行与处理拒爆无关的工作。

248. 毫秒爆破有哪些优点？

毫秒爆破又叫微差爆破，是一种延期爆破，延期间隔时间为几毫秒到几十毫秒。由于前后相邻段药包爆炸时间间隔极短，致使各药包爆炸产生的能量场相互产生影响，从而产生一系列良好的效果。

1. 可减弱爆破地震效应和空气冲击波的影响，减少煤（岩）体抛掷距离和振动、声响。

2. 可增大一次爆破量，减少爆破次数，提高劳动生产率，减轻炮烟危害程度。

3. 爆落的煤（岩）体块度均匀，大块率低。

4. 爆破后煤（岩）体爆堆形状整齐，爆堆比较集中，有利于提高装载效率。

5. 可以在有瓦斯煤尘爆炸危险的采掘工作面、高瓦斯矿井和煤与瓦斯突出矿井中使用，可以实现全断面一次起爆，提高掘进效率。

249. 爆炸材料领退制度的内容是什么？

《煤矿安全规程》中规定，煤矿企业必须建立爆炸材料领退制度。

1. 根据本班爆破工作量和消耗定额提出爆炸材料的品种、

规格和数量,填写三联单,经班组长审批后签章。

2. 爆破工携带经班组长签章后的三联单,到爆炸材料库领取爆炸材料。

3. 领取爆炸材料后,必须当场检查品种、规格和数量是否符合,从外观上检查质量和电雷管的编号是否相符。

4. 每次爆破后,爆破工应将使用爆炸材料的品种、数量、爆破工作情况和爆破事故处理情况整理填报爆破记录。

5. 爆破工作完成后,爆破工必须将剩余的、不能再使用的爆炸材料及处理拒爆、残炸后未爆的电雷管收集起来,清点无误后,将本班爆破的炮数、爆炸材料使用数量及交回数量等经班组长签章,退回爆炸材料库,由发放人员签章。三联单由爆破工、班组长及发放人员各保留一份备查。

250. 爆破炮烟对人体危害的有害气体是什么?

井下采掘工作面进行爆破作业时,有的爆破工和现场作业人员不等炮烟吹散,就急于进入工作面,往往造成炮烟中毒。

1. 一氧化碳

人体吸入含有一氧化碳的炮烟后,一氧化碳会与血色素结合,从而大大降低了血色素的吸氧能力,造成缺氧现象。一般煤气中毒就是一氧化碳中毒,严重时会造成窒息甚至死亡。

2. 一氧化氮和二氧化氮

一氧化氮和二氧化氮都是爆破时炸药爆炸的产物。而一氧化氮极不稳定,遇空气中的氧即转化为二氧化氮。二氧化氮是剧毒的气体,它遇水(包括呼吸道的水分)后能生成硝酸,所以对人的眼睛、鼻、呼吸器官、肺部组织具有强烈的腐蚀作用，特别是会破坏肺部组织，引发肺部浮肿。当二氧化氮浓度为0.006%时，短时间会立即出现咳嗽、肺部发痛症状；浓度为0.025%时，可以很快致人死亡。二氧化氮中毒的特点是起初无感觉，经过6~24 h后才出现中毒征兆，中毒患者手指尖和头发发黄。

◎真实案例

2009年5月16日2:15，山西省大同矿务局麻家梁煤矿主立井工程（基建矿井）由中国中煤能源集团所属的中煤第一建设公司10处麻家梁项目部负责施工，施工至380 m时发生放炮后炮烟中毒、窒息事故，现场有17人，送医院后，11人抢救无效死亡，4人重伤，2人轻伤。

251. 如何预防井下爆破炮烟中毒？

井下爆破后，炮烟中主要有二氧化碳、水、一氧化碳、二氧化氮、一氧化氮、氧气、氮气，其中有毒气体为一氧化碳、一氧化氮和二氧化氮等氮氧化合物。这些气体不仅对人体有害，而且能对井下瓦斯煤尘爆炸起催化作用。

预防有毒气体的措施主要有：

1. 正确选择炸药

对选用的炸药，特别是新品种炸药的性能、规格、使用范围必须了解。有条件的矿还要检验厂方提供的包括有毒气体在内的各项指标是否正确并合乎要求。

2. 正确使用炸药

炸药反应程度与炸药组分、密度、颗粒、起爆能、装药直径和外壳材料有关，故在使用时要保证炸药充分爆炸，减少有毒气体的生成。

3. 加强洒水与通风

通风能排除有毒气体。洒水可以把氮氧化物变为硝酸或亚硝酸从碎石或岩缝中驱逐出去，如果水中加入碱性溶液效果更好。

4. 炮烟散尽后再进入工作面

采掘工作面爆破后必须等 15 min 后再进入工作面，一是避免炮烟未被吹散，造成炮烟熏人，使人慢性中毒；二是防止炸药迟爆现象，导致意外人身事故。

252. 采掘工作面炮眼装药量过大有什么危害？

1. 装药量过大，会破坏顶板岩层稳定性，易崩倒工作面支架，造成冒顶事故。

2. 装药量过大，会使煤（岩）块度较小，而且抛掷距离远，给煤岩的装载带来困难。采煤工作面爆破时会把一部分煤炭抛向采空区，影响煤炭回采率。同时还产生大量煤（岩）粉尘，影响安全生产和工人健康。

3. 装药量过大，相应使炮眼中炮泥封填长度减小，不但影响爆破效率，还可能因炮泥不足使爆破火焰引发爆炸和火灾事故。

4. 装药量过大，爆破后生成的炮烟和有害气体相应增加，给工人身体健康带来影响，还延迟了冲淡炮烟的时间，影响劳动效率。

5. 装药量过大，还可能崩坏采掘工作面机械、电气设备和设施，造成工作面设备、设施维修工作量增加，甚至引起工作面停电、停产。

所以，炮眼内装药量过小，会影响爆破效果；装药量过大，不仅浪费了大量炸药，还会给安全生产带来隐患，必须按作业规程的要求执行。

253. 采掘工作面爆破造成冒顶的原因是什么？

1. 采掘工作面遇有地质构造、顶板松软破碎，但未采取少装药放小炮的办法进行爆破。

2. 顶眼装药量过大，爆破时对顶板产生强烈冲击，使顶板破碎、冒落。

3. 顶眼距离顶板太近，眼底甚至打入了顶板岩层内。

4. 炮眼角度不合理，爆破后崩倒、崩坏支架，造成空顶，补打支架又未及时跟上。

5. 一次爆破炮眼数超过规定，造成崩倒大量支架，形成大面积空顶。补打支架又跟不上，由于空顶时间过长而发生冒顶。

6. 采煤工作面爆破与回柱放顶在时间与空间上安排不当，由于回柱放顶对顶板的强烈冲击尚未消除，加上爆破作用的叠加影响，破坏顶板完整性，往往发生冒顶。

254. 如何预防爆破崩人？

1. 按照《煤矿安全规程》和《作业规程》的规定，爆破母线要有足够的长度；躲避地点要选择在能避开飞石、飞煤的袭击处；掩护物要有足够的强度。

2. 爆破时，必须严格执行《煤矿安全规程》有关爆破警戒的规定,防止误入爆破危险区,造成飞煤、飞石伤人。

3. 采取措施防止杂散电流,电雷管脚线与连接线不得同任何导电体和潮湿的煤岩壁相接触,存放炸药、电雷管和装配药卷处严防煤岩块或硬质器件撞击电雷管和炸药,预防早爆事故意外发生。

4. 爆破后或通电以后装药炮眼不响时,任何人等待进入工作面的时间不能过短,如使用瞬发雷管,至少等 5 min;如使用延期电雷管至少要等 15 min,以免发生迟爆事故意外伤人。

255. 采煤工作面一组装药分次爆破有什么危害?

采煤工作面不允许一组装药分次爆破,因为一组装药分次爆破有以下危害:

1. 前一组爆破后,瓦斯超限或煤尘飞扬时,遇上后一组爆破所产生的空气冲击波、炽热的固体颗粒、气体爆炸产物和火焰,可能引发瓦斯、煤尘爆炸。

2. 容易把相邻段炮眼的炸药压死,或把电雷管脚线崩断,或带出电雷管和炸药,或将电雷管桥丝震断,造成拒爆和瞎炮。

3. 容易产生炮震裂缝,贯通相邻炮眼,造成爆破火焰从裂缝中喷出,不仅降低爆破效果,还会造成瓦斯煤尘爆炸和火灾事故。

4. 炸药在炮眼内时间长,遇到淋水时容易产生拒爆和爆燃。

5. 由于连线和爆破次数多,造成爆破时间长、工人劳动强度大和吸入炮烟多,不仅影响循环作业的加快,而且损害了工人的身体健康。

6. 一组装药分次爆破容易给顶板安全带来危害：一是崩倒支柱，不能及时支护；二是作业工序烦琐，削弱了对顶板的检查；三是不能根据实际情况合理调整炮眼装药量。

因此，《煤矿安全规程》中规定，在采煤工作面可分组装药，但一组装药必须一次起爆。

256. 煤矿许用毫秒延期电雷管为什么能用在井下瓦斯工作面？

煤矿许用毫秒延期电雷管分普通型和煤矿许用型两种。

普通型毫秒延期电雷管由于金属管壳、加强帽、聚乙烯绝缘脚线包皮等在雷管爆炸时产生灼热碎片和残渣；延期药燃烧时喷出的高温颗粒残渣；副起爆药爆炸时产生的高温火焰等原因，仍有引爆瓦斯的可能性。

煤矿许用型毫秒延期电雷管是在猛炸药中加入消焰剂，还将延期药装入铅延期体的 5 个细管中并加厚管壁，从而使上述不安全隐患得到有效解决。

煤矿许用型毫秒延期电雷管可用于有瓦斯煤尘爆炸危险的采掘工作面、高瓦斯矿井和煤与瓦斯突出矿井。《煤矿安全规程》中规定，使用煤矿许用型毫秒延期电雷管时，最后一段的延期时间不得超过 130 ms。因为经测定在高瓦斯矿井炸药爆炸后 160 ms 时瓦斯浓度为 0.3%～0.5%；260 ms 时瓦斯浓度为 0.3%～0.95%；360 ms 时瓦斯浓度为 0.35%～1.6%，局部地点将更高，而 130 ms 仅是 360 ms 的三分之一多一点，瓦斯浓度比瓦斯爆炸下限少 83%～86%。《煤矿安全规程》还规定，当瓦斯浓度达到1%时,要停止爆破作业。因而安全系数是足够的,即瓦斯浓度远未达到爆炸浓度,各段毫秒雷管早已爆炸完毕。同时煤矿许用型毫秒延期电雷管不存在从排气孔中喷出火焰和高温气体的现象。所以,煤矿许用型毫秒延期电雷管用在井下有瓦斯煤尘爆炸危险的工作面是安全的。

257. 为什么井下严禁放"糊炮"和"明炮"?

"糊炮"指的是把爆破材料放在被爆煤岩的表面,用黄泥等物把药包盖上进行放炮的方法。

"明炮"指的是直接把爆破材料放在被爆煤岩的表面进行放炮的方法。

采用"糊炮"和"明炮"时,实质上是在煤岩表面进行放炮(尽管"糊炮"上盖了一部分黄泥等物),爆炸的火焰直接暴露在矿井巷道和工作面中,如果空气中瓦斯浓度达到爆炸界限,极易引发瓦斯爆炸。

《煤矿安全规程》中对炮眼深度和炮眼的封泥量进行了严格的要求,同时明确规定,无封泥、封泥不足或不实的炮眼严禁爆破。

◎**真实案例**

2002年1月26日9:45,河北省承德市暖儿河煤矿采煤工作面因放"糊炮"发生特大瓦斯爆炸事故,造成18人死亡、1人失踪。1月27日12:32再次发生瓦斯爆炸,导致抢险救灾人员死亡9人,失踪1人。

第十章 机电提升和运输知识

258. 为什么必须加强煤矿电气安全管理?

煤矿电气事故不仅影响矿井生产,而且会对矿井安全和工人生命安全构成严重威胁。例如,发生人身触电事故,易造成人员触电死亡;电气火花易引发瓦斯煤尘爆炸和火灾等恶性事故。

◎真实案例

1996年11月27日12:09,山西省大同市新荣区郭家窑乡东村煤矿井下电工因带电检修80型开关,电火花引发瓦斯爆炸,进而振起巷道积尘,煤尘参与爆炸,造成110人死亡,4人下落不明。

◎真实案例

1999年1月11日16:10,河北省开滦林西矿采煤工作面因机组刮坏电缆,现场没有查明原因,进行处理时,甩断检漏继电器,导致机组副司机盘电缆时触电身亡。

259. 为什么井下电气设备必须具有防爆性？

由于煤矿井下环境的特殊性，所以要求使用的电气设备均为防爆型。所谓防爆型电气设备就是能在一定的爆炸危险场所安全供电的电气设备。防爆型电气设备种类很多，其中隔爆型电气设备是主要的一种，它的防爆标志为 ExdⅠ。其含义为：Ex 为防爆总标志，d 为隔爆型代号，Ⅰ为煤矿用防爆电气设备。正因为隔爆型电气设备的隔爆外壳具有耐爆性和隔爆性，所以广泛用于有瓦斯煤尘爆炸危险的井下。

电气设备失去了防爆性叫"失爆"。例如，由于隔爆接合面严重锈蚀，有较大的机械伤痕，间隙过大；隔爆外壳变形、损坏或焊缝开焊；接线嘴螺钉折断或缺少；密封圈或封堵挡板不合格；接线柱、绝缘套管烧毁，使两个空腔连通等。当电气设备出现失爆现象时，必须立即维修或更换，否则不得继续使用。

260. 防爆电气设备失爆有什么危害？其原因是什么？

1. 防爆电气设备的失爆及其危害

防爆电气设备的失爆是指矿用电气设备的隔爆外壳失去了耐爆性和隔爆性。

一旦失去了防爆性能，电气设备内部发生爆炸，就会因为外壳的损坏而直接引起壳外的瓦斯煤尘爆炸，或者内部发生爆炸的生成物或残余物通过各部分或局部间隙引燃壳外的瓦斯煤尘爆炸，这是十分危险的。因此，已经失爆的任何防爆电气设备都必须禁止使用，并不得在井下长期存放。

2. 隔爆型电气设备失爆的原因

（1）防爆接合面间隙超标，表面粗糙度过大。

（2）外壳有裂纹、开焊或严重变形。

（3）隔爆壳内外有锈皮脱落。

（4）联锁装置不符合规定，如不全、变形或失效等。

（5）隔爆室的观察窗透明件松动、破裂或机械强度降低。

（6）隔爆室之间的隔爆结构被破坏。

（7）改变隔爆外壳原设计安装尺寸，导致电气间隙距离不符合规定。

（8）使用非标准的受压传爆的关键部件。

261. 如何悬挂矿用电缆？

1. 在水平巷道或倾角小于30°的斜巷中，电缆应用吊钩悬挂。

2. 电缆悬挂的高度应保证在矿车行驶和掉道时不被撞压，当电缆坠落时不落在轨道或输送机上。

3. 电缆不应悬挂在风管或水管上。电缆上严禁悬挂任何物件。电缆悬挂不得遭受淋水。

4. 电缆悬挂点间距，在水平和倾斜巷道中不得超过3 m。

5. 长盘圈或8字形的电缆不得带电，但给采掘机组供电的电缆不在此限。

6. 井下作业人员都要爱护电缆，不得用大块煤（矸）或其他物件砸、压及埋压电缆，避免用镐刨伤电缆，人不能坐在电缆上。

第十章 机电提升和运输知识

262. 矿井供电电压有哪几种等级?

矿井供电系统向不同用户和设备提供所需要的电能。按照规定,矿井供电系统选用的电压等级有以下各种类别。

(1) 35 kV——矿井地面变电所变电电压。

(2) 10 kV 或 6 kV——井下高压配电电压和高压电动机的额定电压。

(3) 3 kV 或 1 140 V——综合机械化采煤工作面电气设备的额定电压。

(4) 660 V——井下低压电网的配电电压。

(5) 380 V——地面和小型矿井井下低压电网的配电电压。

(6) 220 V——地面和井下新鲜风流大巷的照明电压。

(7) 127 V——照明、信号、手持式电气设备、电话的最高限额电压。

(8) 36 V——井下设备控制回路的电压。

(9) 直流 250 V、550 V——直流架线电机车常用额定电压。

263. 为什么矿井供电应有两回路电源线路?

煤矿矿井用电负荷因突然停电,造成停风、停止排水、中断生产等,有可能发生瓦斯积聚爆炸,井下瓦斯涌出无法排出,人员无法撤到地面,严重地威胁着人身安全和矿井安全。因此,应采用来自不同电源母线的两回路进行供电。当任何一回路发生故障停止供电时,另一回路能担负矿井全部负荷,确保供电安全可靠。

264. 煤矿井下供电有哪些安全规定?

1. 主要通风机、各水平中央变(配)电所、主排水泵和下山开采的采区排水泵、主提升机及抽放瓦斯泵等主要设备不得少于两回路供电线路,且线路上不应分接任何用电负荷。

2. 严禁井下配电变压器中性点直流接地。严禁由地面中性点直接接地的变压器或发电机直接向井下供电。

3. 井下配电电压和各种电气设备的额定电压等级应符合《煤矿安全规程》的有关规定。井下低压配电系统同时存在2种或2种以上电压时,低压电气设备上应明显地标出其电压额定值,以防在检修或停送电时误接线、误操作和错停错送。

4. 电气设备超过额定值运行,必然造成电气设备过热、加剧绝缘老化,直至电气设备烧毁,引起电气火灾、供电中断,甚至引发矿井瓦斯煤尘爆炸事故。《煤矿安全规程》规定,电气设备不应超过额定值运行。

5. 直接向井下供电的高压馈电线上严禁装设自动重合闸,以防自动重合闸后使短路故障进一步扩大。

6. 井上、下必须装设防雷电设备。

7. 井下电气设备和线路必须具有三大保护装置(漏电保护、过电流保护和接地保护)。

265. 什么叫杂散电流?有什么危害?

电路的电流方向和电流量都不是固定不变的电流,叫做杂散电流。

杂散电流可以通过沿井巷的导电体,如管路和铁轨形成电路,电机车启动时牵引网路杂散电流高达数十安培,运行时也达十几至数十安培。该杂散电流如和潮湿煤、岩壁接触,可形成煤、岩壁导电,漏电电源之一相与另一漏电电源之一相接触,就可能引起瓦斯、煤尘爆炸发生,造成人员伤亡、生产停顿和国家财产损失。还可能引起爆炸材料早爆事故。

井下杂散电流的主要来源是电机车牵引网路的漏电。

为了降低电机车牵引网路产生的杂散电流,可采取用电线连接铁轨间的接头(或将两根铁轨相焊接)、形成轨道导电电路、降低网路电阻值的办法。

266. 人体触电的原因是什么?有哪些预防措施?

1. 人体触电的原因

(1) 作业人员违反《煤矿安全规程》、操作规程有关规定,带电作业、带电安装;带电检查、修理、处理故障;忘记停电、停错电、不验电、放电等。

(2) 不执行停、送电制度,停电开关没闭锁,没按要求悬挂"有人工作,严禁送电"警示牌,执行"谁停电谁送电"安全作业制度不严,误送电。

(3) 没设可靠的漏电保护、漏电保护失效或甩掉不用;漏电保护失效且接地保护网断线的情况下,人触及带电的设备外壳。

(4) 不按要求使用绝缘用具、带电移动隔离开关等误操作导致人体触电。

(5) 违反规定携带较长的导电材料,在有架线的巷道行走时触及架线。

(6) 工作中触及破损电缆、裸露带电体等。

2. 人体触电预防措施

(1) 避免人体接触低压带电体；避免人体接近高压带电体。电气设备的带电部分用外壳封闭，并设置闭锁装置；高压线或井下电机车架空线设置在安全高度。对导电部分裸露的高压母线及高压设备无法用外壳封闭的，设遮拦，防止人员靠近；设置的遮拦门上安设闭锁装置，人员误入高压电气室时，确保门开电断，防止人体触电。各变配电所的入口处或门口，悬挂"非工作人员，禁止入内"警示牌；无人值班的变配电所，关门加锁。

(2) 对人员易接触的电气设备，尽量采用较低电压；如煤电钻电压、信号照明电压使用127 V；远距离控制电压使用36 V等。

(3) 井下采用变压器中性点不接地系统，设置漏电保护、接地保护等安全用电技术，防止人体触电。

(4) 严格遵守各项安全用电制度和《煤矿安全规程》的相关规定。

267. 煤矿井下电气设备三大保护有什么作用？

煤矿井下电气设备三大保护指的是：过电流保护、漏电保护和接地保护。

1. 过电流保护

过电流保护是指电气设备或电缆的实际工作电流超过其额定电流值时所进行的保护。过电流会使设备绝缘老化，绝缘降低、破损，降低设备的使用寿命，烧毁电气设备，引发电气火灾，引起瓦斯煤尘爆炸。

设置过电流保护的目的就是在线路或电气设备发生过电流故障时，能及时切断电流，防止过电流故障引发电气火灾、烧毁设备等现象的发生。过电流保护包括短路保护、过负荷保护、断相保护等。

2. 漏电保护

井下常见的漏电故障分为集中性漏电和分散性漏电两种。集中性漏电是指电网的某一处因绝缘破损导致漏电，占井下总漏电量的85%以上。分散性漏电是因淋水、潮湿导致电网中某段线路或某些设备绝缘下降至危险值形成的漏电。漏电会导致人体触电，引起瓦斯、煤尘爆炸，提前引爆电雷管，引起电气火灾等。

漏电保护的作用主要有：

（1）监视电网的绝缘。

（2）迅速切断漏电故障线路的电源，防止漏电故障引发各种危害。

（3）补偿电容电流。

3. 接地保护

如图10—1所示设接地保护，当人体触及带电的外壳时，电流将通过接地极和人体两条并联路径入地，再经过电网其他两相对地绝缘电阻或电容流回电网。由于接地装置的分流作用，使通过人体的电流不大于极限安全电流30 mA，从而保证人身安全。

《煤矿安全规程》对接地保护网及接地电阻的规定：电压在36 V以上和由于绝缘损坏可能带有危险电压的电气设备的金属

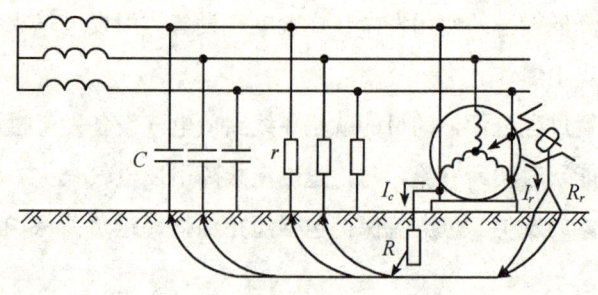

图 10—1 有接地保护时人体触电示意图

外壳、构架、铠装电缆的钢带（或钢丝）、铅皮或屏蔽护套等必须有接地保护。

268. 井下安全用电"十不准"及其他要求是什么？

1. 井下安全用电"十不准"要求

（1）不准带电检修。

（2）不准甩掉无压释放器、过电流保护装置。

（3）不准甩掉漏电继电器、煤电钻综合保护和局部通风机风电、瓦斯电闭锁装置。

（4）不准明火操作、明火打点、明火爆破。

（5）不准用铜、铝、铁丝代替保险丝。

（6）停风、停电的采掘工作面，未经检查瓦斯，不准送电。

（7）有故障的供电线路，不准强行送电。

（8）电器设备的保护失灵后，不准送电。

（9）不准使用失爆电气设备。

（10）不准在井下拆卸矿灯。

◎真实案例

2000年9月27日20:30，贵州省水城矿务局木冲沟煤矿四采区41114机巷发生一起瓦斯（煤尘参与）爆炸事故，事故波及整个四采区，造成162人死亡，14人重伤，25人轻伤，直接经济损失1 227.22万元。该事故引爆火源就是现场人员违章拆卸矿灯产生的火花。

2. 煤矿井下电气管理还必须做到：

三无：无"鸡爪子"，无"羊尾巴"，无明接头。

四有：有过电流和漏电保护装置，有螺钉和弹簧垫，有密封圈和挡板，有接地装置。

两齐：电缆悬挂整齐，设备硐室清洁整齐。

三全：保护装置全，绝缘用具全，图样资料全。

三坚持：坚持使用检漏继电器，坚持使用煤电钻、照明和信号综合保护装置，坚持使用甲烷断电仪和甲烷风电闭锁装置。

269. 如何防止井下发生机械设备摩擦、撞击火花？

合理选用和操作机械设备及器具，减少机械设备摩擦、撞击火花，主要措施有以下几点：

1. 严禁使用未经鉴定合格的机械设备和器具。

2. 井下使用的铝合金电动机风扇，风扇与风扇罩、盖板及紧固件之间的距离不小于风扇直径的$1‰$，其最小间距不小于1 mm。

3. 在井下要小心谨慎地使用、操作机械设备和器具，小件金属装备、工具要做到轻拿轻放，以免发生碰撞产生火花。

4. 采掘机械要避免切割岩石。遇夹矸时要放炮松动,再通过采掘机械。

5. 斜巷运输要做好牵引钢丝绳的检查,不合格的钢丝绳不能使用,坚持做到超限不提升和设置"一坡三挡"安全设施,以防断绳、跑车产生火花。

6. 在使用带式输送机时,要防止胶带被浮煤掩埋或摩擦底煤,以免摩擦升温着火。

◎ **真实案例**

2005年12月7日15:14河北省唐山市恒源实业有限公司刘官屯煤矿发生一起特别重大瓦斯煤尘爆炸事故,造成108人死亡,29人受伤,直接经济损失4 870.67万元。

刘官屯煤矿为基建矿井。该矿原属地方国有煤矿,几经转让改制,2005年转为民营企业。设计生产能力为30万吨/年。原设计为低瓦斯矿井。可采煤层属高挥发分煤种,均有煤尘爆炸危险性。矿井无冲击地压威胁。

事故的直接原因是:刘官屯煤矿1193(下)工作面切眼遇到断层,煤层垮落,引起瓦斯涌出量突然增加;9煤层总回风巷三、四联络巷间风门打开,风流短路,造成切眼瓦斯积聚;在切眼下部用绞车回柱作业时,产生摩擦火花引爆瓦斯,煤尘参与爆炸。

270. 斜巷绞车运输有哪些安全事项?

1. 上下车场的信号把钩工和绞车司机必须经培训合格,取得特种作业操作资格证书,持证上岗。

2. 斜巷必须设有防跑车装置,做到"一坡三挡"。

3. 斜巷中有人员通过时必须和信号把钩工预先取得联系,做到"行人不行车,行车不行人"。当人员正在斜巷行走突然绞车开动(观察绞车钢丝绳是否上下运动)时,应立即躲入躲避硐内或斜巷宽敞处躲避。

4. 绞车要稳固牢靠;挡绳板等防护装置要齐全有效;绞车制动装置要安全可靠。

5. 上下车场挂车时,松开的余绳不得超过 1 m。

◎真实案例

2007年9月27日8:10,湖南省郴州市永兴县复合乡高一煤矿行人斜井内人车在提升过程中发生断绳跑车,造成6人死亡,10人受伤(其中2人重伤,8人轻伤),直接经济损失398.1万元。

271. 造成井下牵引钢丝绳断裂的主要原因是什么?

1. 钢丝绳磨损严重

钢丝绳在牵引矿车提升过程中,要经常与外界物体摩擦,如斜巷中没有地滚或地滚不转,加快了钢丝绳的磨损,造成绳径缩小、强度下降。《煤矿安全规程》规定,提升钢丝绳的直径减小10%时,必须更换。

2. 钢丝绳锈蚀严重

钢丝绳在潮湿的井下或有淋水的地方,被浸入的水分腐蚀。《煤矿安全规程》规定,钢丝绳的钢丝有变黑、锈皮、点蚀麻坑等损伤时,不得用做升降人员。钢丝绳锈蚀严重,点蚀麻坑形成沟纹、外层钢丝松动时，必须立即更换。

3. 超负荷运行

由于操作人员不按设计的载质量提升，或者绳头卡在枕木上和矿车掉道硬性提升，使钢丝绳负荷猛增超过允许强度而断裂。

4. 疲劳过度

钢丝绳在滚筒上除了受拉力外，还要承受弯曲应力，导致钢丝绳疲劳而断裂。

272. 斜巷跑车的主要原因是什么？

造成斜巷跑车主要有以下五个方面原因：

1. 钢丝绳断裂造成跑车

由于牵引钢丝绳腐蚀程度严重、磨损严重、断线超标或者钢丝绳在使用中出现打折、硬伤等严重现象，矿车在斜巷中掉道、硬拉以及运行中咬绳或松绳过多，造成强大的冲击力而发生断绳跑车事故。

2. 连接装置使用材料不合格造成跑车

钢丝绳与矿车、矿车与矿车之间的连接装置使用三环链，有的不牢固易拉断，有的用绳套代替三环链，有的用钢纤、木棍或铁丝代替插销，在运行中因断裂而造成跑车事故。

3. 连接装置失效造成跑车

由于插销没有防脱装置或防脱装置失效；插销没有全部插进去；当斜巷轨道铺设质量较差或矿车行驶通过轨道接头时，急剧跳动，使连接装置插销跳出，造成跑车事故。

4. 操作人员失职造成跑车

(1) 在没有挂钩的情况下将矿车从平巷推入斜巷，人为地造成跑车事故。

(2) 在没有设置阻车器的情况下，矿车从平巷推来后，因惯性自动滑向斜巷造成跑车事故。

(3) 矿车尚未全部提升到位，提前摘钩，使未到位的矿车因自重下滑，造成跑车事故。

(4) 绞车操作工误操作或信号把钩工误发信号而造成跑车事故。

(5) 行人违反"行车不行人"的规定，在斜巷运输跑车时，造成重大人员伤亡事故。

5. 绞车制动力过小造成跑车

由于绞车的制动装置存在故障，如闸带磨损超限、闸带间隙调整不当或受油、水等污染侵蚀等使制动力过小，造成带绳跑车事故。

273. 斜巷防跑车装置和跑车防护装置有哪几种？

1. 斜巷串车提升防跑车装置

(1) 阻车器。在斜巷上部水平车场必须设置阻车器，以阻止矿车由平巷向斜巷滑行。

(2) 挡车栏。在斜巷变坡点下方略大于一列车长度的地点设置常闭挡车栏，以阻止矿车在斜巷中自动下滑。常闭挡车栏仅在矿车正常提升和下放时打开，待矿车通过后立即关闭。

(3) 在斜巷所有出口均应放置"行人不行车、行车不行人"的安全标志和灯光信号，发出行车信号后严禁行人。

2. 斜巷串车提升跑车防护装置

在斜巷的上部和下部均应设置车挡,万一斜巷发生跑车,能有效地将矿车挡住。常用车挡分为以下几种:

(1) 电动式自动车挡。

(2) 机械式旁侧自动车挡。

(3) 吊挂式车挡。

(4) 绳压式车挡。

274. 斜巷串车提升保险绳有哪些种类?

倾斜巷道串车提升时,发生跑车的主要原因是矿车与钢丝绳之间或矿车与矿车之间的连接处跑销、断销或断链,为了预防以上跑车事故,必须加装保险绳。

保险绳的种类有以下两种:

1. 单绳式保险绳

单绳式保险绳的一端卡在钩头上,另一端做成绳扣,用插销与矿车尾车相接。此时,保险绳必须搭在矿车上部,放置稳当,防止在运行途中滑落。

2. 环绳式保险绳

环绳式保险绳就是将钢丝绳围成圆环状,其两个绳端一并卡在钩头上部位置,将串车圈套住。其优点是不易滑落,缺点是操作不太方便,所以井下现场大多使用单绳式保险绳。

保险绳直径的选用:保险绳直径必须通过计算来选用。太细了起不到保险作用,太粗了既浪费又不便操作。

275. 井下小绞车安装有哪些规定?

1. 小绞车使用的电动机、操作按钮、电铃、信号灯及打点器等电气设备必须是矿用防爆型电气设备（铭牌标有 Exd I 字样）。

2. 小绞车安装要牢固可靠，应打锚杆固定或浇灌混凝土基础，临时使用的小绞车可用压戗柱固定，做到坚固有效。

3. 小绞车中心到斜巷变坡点要有不小于 1 次提升矿车总长度 3 倍的距离。此长度范围内应为 5‰左右的负坡度。

4. 斜巷内必须有可靠的"一坡三挡"设施。

5. 小绞车滚筒无裂纹、破损或变形。钢丝绳在滚筒上固定要牢固，绳卡不少于 2 副，滚筒的余绳不少于 3 圈，钢丝绳无打结现象。

6. 闸带无断裂，衔接可靠不松动，闸把及杠杆系统动作灵活可靠。

7. 挡绳板完好且安装牢固。

8. 信号装备应声、光兼有，且清晰可靠。

276. 小绞车操作有哪些安全注意事项?

1. "一要"

操作小绞车时要精神集中，不与旁人说话，双手不离操作手把。

2. "二看"

小绞车启动时看信号、运行方向和绳在滚筒上的排列情况；

运行时看仪表和深度指示器，做到运行快捷、停车准确。

3. "三不开"

小绞车操作做到信号听不清不开，上下钩看不清不开，运行状态不正常不开。

4. "四勤"

绞车操作工要坚持勤听、勤看、勤摸、勤检查。

5. "五注意"

操作小绞车时要注意电压表、电流表等指示是否正常；注意制动闸是否可靠；注意深度指示器是否准确；注意钢丝绳是否排列整齐；注意润滑系统是否正常。

277. 平巷运输事故的主要原因是什么？

矿井平巷运输事故有以下三个主要原因。

1. 行人与列车抢道

行人一定要走人行道或巷道较宽敞一侧。一旦发现列车驶来，不能与列车抢道，要及时躲在躲避硐内，等列车通过后再出来。

2. 列车摘挂钩违反操作规程

列车摘挂钩时必须与机车司机配合好，及时用口哨与司机保持联系。摘挂钩人员必须站在巷道较宽一侧，等列车停稳后再摘挂钩，不准在列车行驶时跨越轨道与列车抢道进行摘跑钩，也不准后面用人推车追赶前进的列车进行挂跑钩。

3. 机车运输巷道宽度不符合规程要求

机车运输巷道的一侧必须留有0.8 m以上的行人道，另一侧宽度为 0.3 m。人车停车处的巷道一侧，必须留有宽度为 1 m 的行人道。

◎**真实案例**

2008 年 4 月 20 日 12:25，湖南省煤业集团金竹山矿业有限公司土朱煤矿平硐因机车制动无效，撞上与机车抢道的 3 名行人致死。

家住冷水江市的谢××（男，78 岁）与妻子李××（女，65 岁）携外孙女谢××（2 岁）经矿井主平硐前往新邵县坪上镇。因未赶上矿平巷人车，3 人遂步行在平硐内，且未携带照明灯具。

4 号架线机车拉着 29 个重车与 3 人同向行驶，进入第一个弯道时，开始减速、打铃。突然发现前方约 20 m 处有人从空车道窜入重车道，机车司机立即刹车，但因制动距离不足，机车撞上行人 37.5 m 后停住。机车司机和跟车工下车后发现一小女孩位于机车车架下，机车后第一个重车旁为一妇女，第二个重车旁为一老头。三人均负伤，到达医院后终因伤势过重抢救无效死亡。

278. 斜巷调度绞车开车前检查试验哪些内容？

1. 检查调度绞车周围支架、顶板和两帮情况，绞车的固定情况，以及杂物积堆情况。

2. 检查绞车的制动闸和工作闸完好情况。闸带必须完整无裂纹，其厚度必须大于 3 mm。闸面平整无油泥。施闸试验后，当闸把位置在水平线以上即应闸住。

3. 检查牵引钢丝绳完好情况。钢丝绳无硬伤、打结和严重锈蚀,断丝不超过有关规定要求。钢丝绳在滚筒上排列整齐。绞车有可靠的护绳板。

4. 检查连接装置牢固可靠情况。钢丝绳与矿车、矿车与矿车、主绳与保险绳的连接必须牢固可靠。

5. 检查绞车的控制开关。电气设备应无失爆现象。操作按钮灵活可靠,声光信号清晰准确。

6. 空车试运行情况。空车启动时应无异响和振动,无甩油现象。

279. 刮板输送机运行时应注意哪些安全事项?

1. 各运转部位应设保护罩或保护栏杆,第一部刮板输送机的机尾应设盖板,以防人员误入机尾内。

2. 刮板输送机运送材料时的取放顺序是:放料要顺刮板运行方向,先放前端,后放尾端;取料要先取尾端,后取前端。

3. 严禁任何人乘坐刮板输送机或在其上方行走。

4. 井下电钳工处理输送机故障时,必须停电、停机,并挂有"正在检修,不准送电"的牌子。

5. 在刮板输送机长度范围内,安装声光信号或警铃,开机前先发出信号,然后点动试车,待确认无问题后再正式开车。

280. 井下电气设备检修及停送电作业有哪些安全注意事项?

1. 电气设备的检查、维护、修理和调整工作,必须由专责的或临时指派的电气维修工进行。

高压电气设备的修理和调整工作，应有工作票和施工措施。在特殊情况下，采区电钳工可对变电所内高压电气设备进行停送电操作，但不得擅自打开电气设备进行修理。经维修单位机电主管人员授权者，不受此限。

2. 高压停、送电的操作，可根据书面申请或采用其他可靠的联系方式，得到批准后，由专责电工执行；严格执行"谁停电、谁送电"的停电制度；严禁口头约定停送电现象发生；断开了的隔离开关的操作机构必须锁住，并在操作手把上悬挂"有人作业，禁止合闸"的标志牌。

3. 检修和搬迁井下电气设备电缆和电线前必须停电；用与电源电压相适应的验电器验电，确认无电后再在三相上挂装接地线，对电气设备进行放电，控制设备内部安有放电装置的不受此限。验电、接地、放电工作，在煤矿井下应在瓦斯浓度为1％以下时进行。所有开关的闭锁装置必须能可靠地防止擅自送电、防止擅自开盖操作，开关把手在切断电源时必须闭锁，并悬挂"有人工作，不准送电"字样的警示牌，只有执行这项工作的人员才有权取下此牌送电。

4. 部分停电作业应有遮挡。检修完恢复送电时，应由原操作人员取下标示牌，然后合闸送电。

5. 高压线路倒闸操作时，必须实行操作制度和监护制度；操作人员必须填写操作票。操作票中必须写明被操作设备的线路编号及操作顺序；严禁带负荷拉开隔离开关的现象发生。

6. 操作时，必须有两人执行，一人操作，一人监护；操作中必须执行监护复诵制度，操作人员必须使用试验合格的绝缘工具，戴绝缘手套，穿绝缘靴或站在绝缘台上。手持式电气设备的操作手柄和工作中必须接触部分必须有良好绝缘。

7. 井下防爆电气设备的运行、维护和修理工作，必须符合防爆性能的各项技术要求。失爆设备严禁继续使用。

8. 井下防爆电气设备的运行、维护和修理，必须符合防爆性能和各项技术要求。防爆性能受到破坏的电气设备，必须立即处理或更换，不得继续使用。各矿机电部门必须建立防爆检查、电气管理、小型电器管理、电缆管理等专业组。电气设备防爆检查员必须由有业务能力并经过专业训练持有合格证的人员担任，还应按数量配齐。

9. 矿井应按规定对电气设备和电缆进行检查和调整。检查和调整结果应记入专用的记录簿内。检查和调整中发现的问题，应指派专人限期处理。

◎真实案例

1990年3月7日8:45，江苏省徐州矿务局庞庄矿东城井地面6kV配电室围墙院内，因工人登错6kV架线电杆，造成触电坠落事故，死亡1人。

2月25日东城井机电二区开始做避雷器安装的准备工作。28日写好停电工作票，应安装柳东一、二、三路。由于缺一组避雷器，实际只安装了一、二路；而三路只是将接地极装好，待后再装。3月6日避雷器到货并计划次日安装。

3月7日供电助理工程师交给外线班长5份停电工作票，外线班长又将其中1份（一式两份）柳东二路（实际应该是停三路电）停电装避雷器的工作票转交给2名工人去施工。2名工人分别将工作票送往柳新区域变电所和东城井地面6 kV电板房。两处电板房互相联系后停电。东城井地面6 kV电板房将已停电的电板下侧隔离刀闸进行验电、放电、接地、短路后，通知施工负责人说："停好电了，干活去吧！"施工负责人和施工人员也没有核对停电票是否与现场相符，便盲目施工，1名工人便向尚未安装避雷器的电杆攀登（手攀电缆而上），当至电缆终端线盒下方时，为翻越到线盒上方，该工人的手接触1根带电的线路，并从右脚放电，随之从电杆上坠落下来，头部前额直接着地，因颅骨严重损伤，经抢救无效死亡。

参考文献

1. 国家安全生产监督管理总局,国家煤矿安全监察局. 煤矿安全规程. 北京:煤炭工业出版社,2009
2. 国家安全生产监督管理总局,国家煤矿安全监察局. 煤矿防治水规定. 北京:煤炭工业出版社,2009
3. 李定远. 煤矿重大安全生产隐患认定及治理. 北京:中国三峡出版社,2006
4. 国家安全生产监督管理总局矿山救援指挥中心.《矿山救护规程》解读. 徐州:中国矿业大学出版社,2008
5. 王树玉. 煤矿五大灾害事故分析和防治对策. 徐州:中国矿业大学出版社,2006
6. 国家安全生产监督管理总局,国家煤矿安全监察局. 防治煤与瓦斯突出规定. 北京:煤炭工业出版社,2009